Nelson Hein
Egino Valcanaia

ESCÓLIOS GEOMÉTRICOS

EDITORA CIÊNCIA MODERNA

Escólios Geométricos

Copyright © *Editora Ciência Moderna Ltda., 2009.*
Todos os direitos para a língua portuguesa reservados pela EDITORA CIÊNCIA MODERNA LTDA.
De acordo com a Lei 9.610 de 19/2/1998, nenhuma parte deste livro poderá ser reproduzida, transmitida e gravada, por qualquer meio eletrônico, mecânico, por fotocópia e outros, sem a prévia autorização, por escrito, da Editora.

Editor: Paulo André P. Marques
Produção Editorial: Camila Cabete Machado
Copidesque: Fabíola Pinudo
Capa: Cristina Satchko Hodge
Diagramação: Janaína Salgueiro
Assistente Editorial: Aline Vieira Marques

Várias Marcas Registradas aparecem no decorrer deste livro. Mais do que simplesmente listar esses nomes e informar quem possui seus direitos de exploração, ou ainda imprimir os logotipos das mesmas, o editor declara estar utilizando tais nomes apenas para fins editoriais, em benefício exclusivo do dono da Marca Registrada, sem intenção de infringir as regras de sua utilização. Qualquer semelhança em nomes próprios e acontecimentos será mera coincidência.

FICHA CATALOGRÁFICA

Valcanaia, Egino ; Hein , Nelson.
Escólios Geométricos
Rio de Janeiro: Editora Ciência Moderna Ltda., 2009.
1. Geometria
I — Título
ISBN: 978-85-7393-776-3　　　　　　　　　　CDD 516

Editora Ciência Moderna Ltda.
R. Alice Figueiredo, 46 – Riachuelo
Rio de Janeiro, RJ – Brasil　CEP: 20.950-150
Tel: (21) 2201-6662/ Fax: (21) 2201-6896
lcm@lcm.com.br
www.lcm.com.br

01/09

Prefácio

Este livro faz uma releitura introdutória da Geometria proposta por Euclides no século III a.C. em "*Os Elementos*". A Geometria estuda as formas bidimensionais do espaço e que é baseada em cinco postulados: (i) é possível desenhar uma linha reta de qualquer ponto para qualquer ponto; (ii) é possível prolongar uma linha reta finita continuamente numa linha reta; (iii) é possível descrever um círculo ou uma circunferência com qualquer raio e centro; (iv) todos os ângulos retos são iguais; (v) em um ponto que não pertence a uma reta dada existe apenas uma reta paralela à reta dada. Partindo destes postulados e usando régua não graduada e compasso como instrumentos auxiliares, Euclides deduz uma grande gama de conceitos geométricos para explicar o mundo a nossa volta. As construções geométricas são aqui apresentadas de forma mais didática do que nos Elementos tornando-se, por vezes, mais elucidativas do que a própria explicação escrita e com um número mais reduzido de proposições; assim, tornou-se possível fazer demonstrações completas, recorrendo menos vezes às proposições anteriores. Organizou-se, também, um resumo cronológico acerca das descobertas em Geometria antes de Euclides e pós Euclides, situando o leitor no contexto histórico que se desenvolveu a Geometria e, ainda, discute superficialmente as Geometrias que negam o quinto postulado como forma de possibilitar um raciocínio coerente da validade do conhecimento geométrico.

Os autores
Outubro de 2008

Sumário

Capítulo 1 - Introdução 1

Capítulo 2 - Considerações Históricas Acerca do Desenvolvimento da Geometria 7
   2.1 Algumas Considerações... 9
   2.2 Antes de Euclides: 9
   2.3 O Matemático Grego Euclides de Alexandria 12
   2.4 Depois de Euclides de Alexandria: 13

Capítulo 3 - Uma Viagem à Geometria Euclidiana 21
   3.1. Algumas Definições Básicas 23
   3.2 Postulados 31
   3.3 Axiomas 34
   3.4 Proposições 35

Capítulo 4 - Palavras Finais 137

Referências... 141

Capítulo 1
Introdução

As formas naturais inquietam as mentes humanas desde o princípio da humanidade. A percepção visual põe os seres, que dela desfrutam, em contato com as formas da natureza sob o enfoque específico das dimensões e dos contornos. Noções elementares de quantidade e tamanho são desenvolvidas e o poder de abstração, para além da realidade palpável e generalização de conceitos, diferencia os seres humanos dos demais animais. Nas pinturas rupestres de mais de 20 mil anos atrás, o homem já demonstra habilidade de abstração, observando as formas espaciais e apreendendo a representá-las no plano bidimensional.

Com a vida em sociedade e o desenvolvimento da agricultura, o homem se depara com a necessidade diária do conhecimento de medidas de comprimento e de superfície, dentre outras. Nesse meio propício, o intelecto humano interage com o esforço manual do serviço cotidiano e, desta forma são construídas as primeiras conjecturas práticas referentes às propriedades geométricas planas.

No século III a.C., o matemático grego Euclides reúne e organiza na obra "*Os Elementos*" todo conhecimento geométrico construído ou conhecido nas proximidades do Mediterrâneo. Além de compilar esse conhecimento, Euclides o organiza a partir de conceitos elementares, aceitáveis sem maiores explicações, e deduz, com base nesses princípios, conceitos altamente complexos, por vezes, inimagináveis nas primeiras observações.

Neste ensaio, enfocaremos, teoricamente, propriedades geométricas de figuras planas abdicando da sua utilidade prática, priorizando, portanto, o rigor matemático das demonstrações e a validade geral das propriedades encontradas.

Trata-se, portanto, de uma releitura de parte da obra "*Os Elementos*" já que o estudo é iniciado com definições, postulados e axiomas equivalentes. Conseqüentemente, para demonstrar uma propriedade faz-se necessário basear-se neles ou nas proposições anteriormente demonstradas. Já as construções geométricas, elas são aqui apresentadas de forma pormenorizada dando uma beleza especial às demonstrações e facilitando sobremaneira a sua compreensão.

Com esse intuito, criaremos um ambiente histórico propício à compreensão de um momento de grande importância na organização dos conhecimentos matemáticos anteriormente desenvolvidos; momento este, de grande vitalidade matemática e de rigor lógico nas demonstrações ocorrido na Grécia em 300 a.C.

Dessa forma, pretende-se propiciar, aos que porventura tenham a paciência e que tenham sido premiados com o intelecto ativo de querer saber o porquê das coisas, um material resumido e que apresenta as bases fundamentais de um raciocínio verdadeiramente científico.

Hoje vemos a presença de computadores que parecem, aos menos cuidadosos, raciocinar melhor do que o homem, pois resolvem problemas (desde que previamente programados) com uma habilidade e praticidade incomparáveis. Assim, desmontar essa crença na máquina em detrimento do poder intelectual humano parece ser um objetivo passível desse livro que recorre a demonstrações matemáticas exclusivamente de raciocínio lógico dedutivo, este inerente unicamente ao intelecto humano.

A matemática é uma ciência de rara beleza e a concatenação lógica das demonstrações denota a capacidade do intelecto humano de penetrar nos conceitos complexos partindo de noções elementares. No entanto, como cada novo conceito necessita da demonstração do anterior, é comum citar um conceito e aceitá-lo sem comprovação economizando espaço e tempo. Dessa forma, em demonstrações matemáticas com um mínimo de profundidade é comum fazer citações que desencadeiam um elevadíssimo número de novas citações, dificultando o leitor em atingir o ambiente palpável das noções comuns nas quais a teoria não passa de uma descrição objetiva e simples da realidade.

Esta dificuldade, inerente ao conhecimento matemático, leva a cálculos incompreendidos, à conclusões corretas, mas com premissas confusas, e à aceitação de resultados sem uma demonstração contundente. Tal procedimento transforma a Matemática num conjunto de símbolos e operações que objetivam o resultado final, mas que ao ser alcançado fica desprovido de significado e o raciocínio lógico-dedutivo, próprio do intelecto, é substituído pelas identidades e operações algébricas, podendo ser puramente mecânicas, que escondem a essência matemática desses resultados.

Não se trata de diminuir o valor da Álgebra, os símbolos e operações algébricas são uma poderosa ferramenta que auxilia e simplifica os desenvolvimentos matemáticos. No entanto, as identidades e operações algébricas precisam ser compreendidas no contexto específico e na generalidade matemática. Dessa forma, precisa-se evocar o desenvolvimento histórico da construção desses conceitos propiciando a reconstrução dos conceitos matemáticos ditos cristalizados. Cita-se, por exemplo, o Teorema de Pitágoras, que estabelece uma relação de área entre quadrados construídos sobre os lados de um triângulo retângulo e que é constantemente utilizado em demonstrações matemáticas, tomando-se a famosa relação $a^2 = b^2 + c^2$ como um conceito elementar e de fácil aceitação, o qual não é. Assim, segue-se uma longa lista de conceitos matemáticos que são utilizados dessa forma nas demonstrações matemáticas.

Com esta preocupação, procura-se, aqui, partindo de noções comuns, construir e provar proposições matemáticas tendo como base principal o estudo das propriedades geométricas no plano euclidiano, usando apenas o compasso e a régua não-graduada como instrumentos e o raciocínio lógico como linha mestra para provar ou refutar uma afirmação. Constitui-se, assim, um livro com coerência histórica, desprovido de termos técnicos e numa linguagem muito próxima a um diálogo comum.

Dessa forma, não se pretende, aqui, construir uma nova Matemática e nem mesmo percorrer um caminho diferente do que foi percorrido na construção desta, mas ao contrário, viajar no tempo até a Grécia do século III a.C. e, com os escritos de Euclides, percorrer um pouco da trajetória do desenvolvimento da Matemática, propiciando uma reflexão dos conceitos utilizados com expressividade na Matemática do século XXI.

Os conceitos geométricos do século XXI são amplos e complexos. Desde o século III a.C. com Euclides até final do século XIX com Hilbert, a Geometria é aperfeiçoada e bases sólidas são reconstruídas. Dificuldades foram sanadas, cite-se as provas da impossibilidade da trissecção do ângulo e da quadratura do círculo, bem como novos desafios apareceram, como quando a prova de que o quinto postulado de Euclides poderia ser negado, gerando geometrias tão sólidas quanto esta, por exemplo.

Desta forma, este livro não apresenta o objetivo de contribuir para Geometrias originais ou do aperfeiçoamento das Geometrias existentes. Trata-se apenas de uma viagem no tempo com uma parada especial no século III a.C. fazendo uma releitura dos conceitos iniciais da Geometria Euclidiana e uma posterior viagem pela Geometria até os dias atuais. Com exceção do século III a.C., as discussões serão breves e sem detalhes tão aprofundados.

Capítulo 2
Considerações Históricas Acerca do Desenvolvimento da Geometria

2.1 Algumas Considerações

"Os Elementos" de Euclides deve em grande parte a seus predecessores que lhe propiciaram os meios para que fosse uma obra de inestimável valor matemático. Quando Euclides, no século III a.C., compila e organiza os conhecimentos empíricos da época é claro de que tem conhecimento da parcela dos autores que o precederam. Mesmo não sabendo ao certo de tal influência, organizamos abaixo os principais momentos da Matemática no ramo da Geometria que os antecederam e, sendo este um marco indiscutível no desenvolvimento da Matemática, fez-se, também, uma coletânea de informações diretamente relacionadas ao desenvolvimento deste ramo pós Euclides.

2.2 Antes de Euclides:

(Em torno de 25 000 a.C.) Os primeiros desenhos geométricos são usados em pinturas rupestres, o que demonstra a prematura capacidade do homem em abstrair das formas reais o desenho abstrato.

(Em torno de 1900 a.C) É escrito o *"Papiro de Moscou"*, documento de grande expressão, segundo a maioria dos historiadores em Matemática egípcia. Nele são apresentadas figuras geométricas e no problema 14 é apresentada a resolução do volume de um tronco de pirâmide de base quadrada demonstrando o conhecimento da fórmula $V=h(a^2+ab+b^2)/3$; é claro que não com a simbologia algébrica atual.

(Em torno de 1750 a.C.) Tabletes de barro da antiga Babilônia dão provas de que este povo já conhecia a relação entre o quadrado do lado maior de um triângulo retângulo e a soma dos quadrados dos demais lados, o conhecido Teorema de Pitágoras.

(Em torno de 1700 a.C.) É escrito o "Papiro de Rind" pelo escriba egípcio Ahmes, o qual não reclama a originalidade do trabalho, mas argumenta que se trata de escritos de 2000 anos antes. Este documento que, se encontra no "British Museum" desde 1863, apresenta, além de outros conteúdos, um tópico que se propõe a calcular a área de um círculo de diâmetro igual a 9 unidades. Usando a aproximação fantástica de 3,1605 para o π. É intrigante imaginar como esta descoberta foi feita. Há sugestões que apontam para um jogo antigo muito difundido na África que compara pequenos círculos com círculos maiores.

(Em torno de 575 a.C.) O filósofo Tales de Mileto (Mileto fica na atual Turquia) se destaca pelos seus feitos, sendo creditado a ele a formulação e a prova dos seguintes teoremas:

i) Um círculo é bisseccionado por qualquer um de seus diâmetros.

ii) Os ângulos da base de um triângulo isósceles são iguais.

iii) Os ângulos opostos pelo vértice são iguais.

iv) Dois triângulos são congruentes se possuem dois ângulos e um lado iguais.

v) Um ângulo inscrito em um semicírculo é reto.

Tales é considerado o primeiro filósofo grego, foi, também, cientista e matemático, sendo, ainda, engenharia sua ocupação principal. Não há nada por ele escrito que tenha sobrevivido, dificultando o nosso entendimento do que Tales realmente conhecia de Matemática. Aristóteles (384 a 322 a.C.) argumenta não ter tido acesso a nenhum documento escrito por Tales.

Autores diversos que o sucederam depõem sobre a vida e os feitos de Tales. No entanto, muito se diverge, desde autores que consideram que Tales tenha aplicado conhecimentos aprofundados de Geometria ao dar a altura da pirâmide do Egito, por exemplo, e outros que afirmam ter este apenas boa intuição e usado o momento exato em que a altura de um objeto é igual a sua sombra. Assim, Bartel Leendert van der Waerden (1903-1996), doutorado em Amsterdan com a tese sobre *"Os Fundamentos da Álgebra Geométrica"* e matemático de renome, considera que Tales tenha dado fundamentos lógicos à Geometria, tendo inclusive provado teoremas. Bertrand Russel (1872- 1970) coloca que Tales deve ter viajado para o Egito e difundido os conhecimentos da Geometria dos gregos da época, mas que não há razões para acreditar que tenha feito deduções geométricas como os geômetras gregos que o sucederam. Mesmo Próclus, o último maior dos filósofos gregos, que viveu em torno de 450 d. C. E foi famoso por seus livros em história da Matemática, afirma que Tales primeiro foi ao Egito e depois difundiu o estudo da Geometria entre os gregos. Ele afirma que o próprio Tales deduziu muitas proposições e deu condições a seus sucessores para continuar esta atividade. Afirma, também, que seu método de atacar os problemas apresentava grande generalidade, o que confronta com afirmações de outros autores que consideram Tales como apenas uma pessoa de grande sensibilidade em matemática prática.

(Em torno de 440 a.C.) Hipócrates nos livrou dos problemas de quadratura do círculo e duplicação do cubo. Apesar de se saber muito pouco da sua vida, parece ter sido um excelente geômetra, o primeiro a escrever "os elementos da Geometria" e, embora seu livro tenha se perdido, muito deve estar contido nos *"Elementos de Euclides"*, nos livros I e II. Não se apresentam dúvidas de que tenha descoberto a quadratura da lua, figura geométrica plana cujas bordas são arcos de círculos (Fig. A).

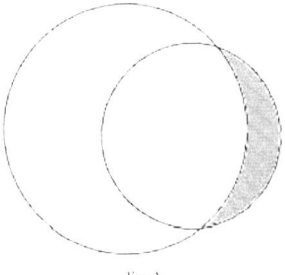

Fig. A

(Em torno de 400 a.C.) O matemático grego Theatetus de Atenas (417-369 a.C.) deu importantes contribuições na teoria dos números irracionais e seu livro é descrito nos *"Elementos de Euclides"*.

(Em torno de 400 a.C.) O grande filósofo grego Platão (427-347) funda a Academia, em Atenas, uma instituição dedicada à pesquisa e instrução em Filosofia e Ciências. Seus livros em Filosofia e Matemática foram muito influentes e deram os fundamentos para o sistema axiomático de Euclides.

(Em torno de 375 a.C.) O matemático grego Architas de Tarento (cidade da atual Itália) solucionou o problema da duplicação do cubo.

(Em torno de 320 a.C.) Eudemes de Rodes escreveu um livro de grande importância para o seu tempo, *"A História da Geometria"*, mas que não sobreviveu. A quadratura da lua por Hipócrates, por exemplo, foi repassada aos matemáticos dos séculos subseqüentes devido à Eudemes. Livros originais de Matemática escritos por Eudemes devem ter sido de pouca importância frente aos de História, já que não há citações nos livros acerca da história da Matemática de Próclus nesse sentido.

2.3 O Matemático Grego Euclides de Alexandria:

Euclides de Alexandria (em torno de 300 a.C.), mais conhecido por seu tratado *"Os Elementos de Euclides"*, é o mais proeminente matemático da antiguidade. Esta obra composta por treze livros organiza o conhecimento matemático da época e segundo o grande comentarista Próclus, do século IV depois de Cristo, Euclides teria sido aluno de Platão, que seria mais velho que Eratóstenes e Arquimedes.

A geometria trabalhada nos *"Elementos de Euclides"* é toda desenvolvida tendo como base os cinco postulados:

Postulado 1: É possível desenhar uma linha reta de qualquer ponto para qualquer ponto.

Postulado 2: É possível prolongar uma linha reta finita continuamente numa linha reta.

Postulado 3: É possível descrever um círculo ou uma circunferência com qualquer raio e centro.

Postulado 4: Todos os ângulos retos são iguais.

Postulado 5: Se uma linha reta ao encontrar com outras duas linhas retas que repousam num plano e fizer os ângulos internos do mesmo lado, menores que dois ângulos retos, então estas duas retas, produzidas indefinidamente, encontrar-se-ão no lado no qual os ângulos são menores que dois ângulos retos.

O quinto postulado é equivalente a "por um ponto fora de uma reta dada existe apenas uma reta paralela a reta dada."

Os postulados, de acordo com Platão, deveriam ser simples e evidentes por princípio, sendo desnecessária prova de serem verdadeiros. Os primeiros quatro postulados de Euclides seguem este critério, mas o quinto, não é tão simples e não apresenta evidência em si mesmo como os demais. O quinto mais parece um teorema no qual Euclides provaria os demais postulados. Talvez, percebendo esta dificuldade Euclides evita ao extremo o uso do quinto postulado, desenvolvendo uma parte substancial de sua teoria dos triângulos sem usá-la. Havia, portanto, especulações no tempo de Euclides, de que o quinto postulado poderia ser provado como um teorema dos outros quatro. Assim começou e seguiu por muitos séculos as tentativas de provar o quinto postulado e, esta questão não foi solucionada antes do século XIX.

"*Os Elementos*" foi usado como livro-texto por mais de 1000 anos no oeste da Europa. Uma versão árabe é feita no final do quinto século d.C. e a primeira versão impressa é produzida em 1482 e, atualmente, ultrapassam 2000 edições, sendo depois da Bíblia o livro mais lido no mundo.

2.4 Depois de Euclides de Alexandria:

(Em torno de 290 a.C.) Aristarco de Samos usa os métodos da Geometria para calcular a distância da Terra até o Sol e a Lua. Os gregos o chamavam de Aristarco "o matemático", no entanto, o pesquisador em história da Matemática Thomas Little Heath (1861-1940) afirma que os historiadores em Matemática, como regra, deram pouca atenção ao reconhecido astrônomo Aristarco de Samos.

(Em torno de 250 a.C.) Arquimedes de Siracusa em *"A Esfera e o Cilindro"* dá fórmulas para calcular o volume da esfera e do cilindro. Em *"Medidas do Círculo"*, ele dá uma aproximação para o valor do π, o que foi excelente para a época. Na Geometria, ainda contribuiu com livros em duas e três dimensões, estudando círculos, esferas e espirais. Suas idéias foram tão avançadas para seus contemporâneos que podem ser consideradas precursoras do Cálculo Integral, quase 2000 anos antes do seu desenvolvimento.

(Em torno de 235 a.C.) Eratóstene de Cirene estima a circunferência da Terra encontrando um valor um pouco acima do real. Eratóstenes nasceu em Cirene (na Líbia atual, ao norte da África), tendo estudado com Zeno, o fundador da escola estóica de filosofia.

(Em torno de 225 a.C.) Apolônio de Perga, o matemático grego, conhecido como "O grande geômetra", escreve *"Cônicas"*, introduzindo os termos parábola, elipse e hipérbole. Seus livros são de grande importância no desenvolvimento da Matemática.

(Em torno de 200 a.C.) O matemático grego Diocles é o primeiro a provar a propriedade focal dos espelhos parabólicos. Escreve *"Queimando com Espelhos"*, uma coleção de dezesseis proposições geométricas, provando os resultados das cônicas. Estudou a curva cissóide, criada para resolver o problema da duplicação do cubo. Segundo Eutocius (século VI d.C), ela foi usada pela primeira vez por Diocles (180 a.C), que não a chamava de cissóide. Posteriormente, nas obras de Pappus e Proclus, uma curva foi chamada de cissóide. É provável que seja a mesma de Diocles, pois essa curva tem uma parte interna à circunferência que lembra o contorno da Hera e a palavra cissóide em grego significa "Kissós(hera) eidos(forma)". Desde a segunda metade do século XVII até hoje se tem estudado vários aspectos dessa curva. Dentre os matemáticos que deram contribuições ao estudo da cissóide destacamos Sluse, Huygens, Wallis, Fermat, Roberval e Newton.

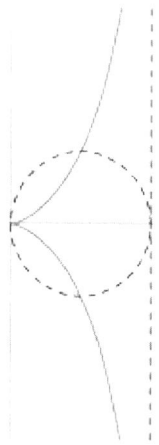

(Em torno de 200 a.C.) É escrito, na China, *"Nove Capítulos na Arte da Matemática"*, comparável ao *"Elementos de Euclides"* em importância para os chineses, mas com pouco rigor matemático nas demonstrações. Enfoca conhecimentos geométricos como áreas e volumes com grande precisão e, no capítulo V, há 28 problemas de construção de canais, valas e diques.

(Em torno de 20 d.C.) O filósofo da escola estóica Geminus tenta provar, sem sucesso, é claro, o quinto postulado de Euclides.

(Em torno de 60 d.C.) Heron de alexandria faz importantes livros concernentes a área de um triângulo através das medidas dos lados. No tratado *"Métrica"*, Heron de Alexandria estabelece e prova a famosa fórmula da área (A) do triângulo de lados a, b e c, assim, sendo $s=(a+b+c)/2$, então $A^2=s(s-a)(s-b)(s-c)$.

(Em torno de 150 d.C.) O grande Geógrafo e Astrônomo grego Cláudio Ptolomeu produz importantes resultados geométricos com aplicações à Astronomia. O sistema Heliocêntrico por ele proposto prevaleceu por mais de 1400 anos.

(Em torno de 340 d.C.) Papus de Alexandria é o último dos grandes geômetras gregos. Um de seus teoremas é reconhecido como a base para a moderna Geometria Projetiva. Escreveu, também, comentários dos *"Elementos de Euclides"*.

(Em torno de 390 d.C.) Teon de Alexandria produz uma versão dos *"Elementos de Euclides"* com algumas mudanças textuais e adicionando alguns conteúdos.

(Em torno de 450 d.C.) Próclus (410-485 d.C.), nascido na atual Turquia, ainda adolescente foi para Atenas, na Grécia, onde estudou, na Academia de Platão, sob a orientação do filósofo Plutarco de Atenà. Próclus foi um dos mais importantes estudiosos da Geometria grega desse período. Além disto, foi um dos mais importantes comentaristas dos livros que o precederam. Muitos desses livros não sobreviveram até nossos dias, mas são conhecidos indiretamente por seus comentários.

(Em torno de 510 d.C.) O matemático romano Anicius Manlius S. Boetius que, provavelmente, estudou em Atenas e Alexandria escreveu textos em Geometria que foram usados por muitos séculos na Europa enquanto os feitos matemáticos estavam em baixa.

(Em torno de 775 d.C.) O matemático inglês Alcuin de York escreve textos elementares de Aritmética, Geometria e Astronomia.

(Em torno de 810 d.C.) O matemático islâmico Al'Khawarismi é considerado o primeiro a escrever um livro algébrico. As equações algébricas propostas por Al'Khawarismi são resolvidas por métodos geométricos. Divergem os historiadores quanto ao fato de Al'Khawarismi conhecer ou não *"Os Elementos de Euclides"*.

(900 d.C.) Abu Kamil Shuja, nascido provavelmente no Egito, em seu *"Livro de Álgebra"* estuda aplicações da Álgebra em problemas geométricos.

(Em torno de 970 d.C.) O matemático e astrônomo islâmico Mohammad Abu'l-Wafa Al-Buzjani escreveu diversos comentários dos matemáticos que o antecederam e lançou importantes livros em construções geométricas.

(1000 d.C.) O matemático islâmico Abu Ali al-Hasan ibn al-Haytham escreveu livros em Óptica, Geometria e Teoria dos Números.

(1140 d.C.) O matemático e astrônomo indiano Bhaskara escreve *"Lilavati"*, um tratado de Aritmética e Geometria.

(Em torno de 1142 d.C.) O filósofo inglês Adelard de Bath faz duas ou três traduções do árabe para o inglês dos *"Elementos de Euclides"*.

(Em torno de 1260 d.C.) O papa Urbano IV (Campanus de Novara) publica uma edição em Latin dos *"Elementos de Euclides"*.

(1343 d.C.) O matemático francês Levi Bem Gerson escreve *"A Harmonia dos Números"* que é um comentário dos cinco primeiros livros de Euclides.

(1382 d.C.) O matemático francês Nicole de Oresme escreve *"Latitudes das Formas"*, o primeiro livro com sistema de coordenadas que pode ter influenciado Descartes.

(1475 d.C.) O matemático alemão Regiomontanus publica *"Triângulos Planos e Esféricos"*, que estuda a trigonometria esférica para ser aplicada à Astronomia.

(1482 d.C.) A edição dos *"Elementos de Euclides"*, de Campanus de Novara, se torna o primeiro livro de Matemática a ser impresso.

(1494 d.C.) O matemático italiano Luca Pacioli publica um tratado abrangente de Matemática cobrindo diversos campos desta e apresenta, também, um sumário da Geometria de Euclides.

(1525 d.C.) O matemático Albrecht Durer publica um livro de Construções Geométricas.

(1551 d.C.) O matemático inglês Robert Record abrevia e traduz os *"Elementos de Euclides"*.

(1630 d.C.) O geômetra francês Claude Mydorge publica livros em Óptica e Geometria. Ele dá em medidas precisas a latitude de Paris.

(1635 d.C.) O matemático italiano Boaventura Cavalieri apresenta o método da exaustão de Arquimedes. Este método estuda, também, as quantidades geométricas infinitesimais propostas por Kepler.

(1637 d.C.) O filósofo francês René Descartes, em *"Lá Géometrie"*, inclui sua aplicação da Álgebra para a Geometria, a Geometria Cartesiana.

(1644 d.C.) O cientista italiano Evangelista Torricelli publica *"Ópera Geométrica"*, na qual investiga, dentre outras coisas, pontos que resultam no valor mínimo do perímetro de um triângulo.

(1649 d.C.) O matemático holandês Frans Van Schooten publica a primeira versão latina de *"La Géometrie"*, de Descartes.

(1650 d.C.) O matemático holandês Jan de Witt escreve *"Elementa Curvarum Linearum"*, o primeiro desenvolvimento sistemático da Geometria Analítica da linha reta e das cônicas.

(1667 d.C.) O matemático escocês James Gregory publica um livro que dá fundamentos sólidos para a Geometria Infinitesimal.

(1667 d.C.) O matemático dinamarquês Geor Mohr prova que todas as construções euclidianas podem ser feitas com compasso apenas, exceto as bordas retas, antecedendo o italiano Lorenzo Mascheroni (1750-1800) a quem é creditada esta prova.

(1733 d.C.) O matemático italiano Giovani Saccheri, em seus livros, deu importantes contribuições ao desenvolvimento das Geometrias não-euclidianas.

(1766 d.C.) O matemático francês Johann Lambert escreve *"A Teoria do Paralelismo"*, que estuda o postulado das paralelas de Euclides.

(1767 d.C.) O também francês Jean d'Alembert, matemático pioneiro no estudo das equações diferenciais e seu uso na física, alerta para "o escândalo da geometria elementar" causado pelas falhas em provar o quinto postulado de Euclides.

(1794 d.C.) O matemático francês Joseph-Louis Lagrange publica *"Eléments de Géométrie"*, um tratado de Geometria que é usado por 100 anos, substituindo os *"Elementos de Euclides"*, como livro-texto por toda a Europa. Ele teve sucessivas traduções nos Estados Unidos e tornou-se um protótipo para os textos de Geometria posteriores.

(1797 d.C.) O italiano Lorenzo Mascheroni lança *"A Geometria do Compasso"*, provando que toda construção euclidiana pode ser feita com compasso apenas e, portanto, a régua não é requerida.

(1823 d.C.) O matemático nascido na antiga Hungria, atualmente Romênia, Janos Bolyai prepara um tratado completo em Geometria não-euclidiana e se nega a publicá-lo ao descobrir que o matemático alemão Carl Friedrich Gauss o tinha antecipado nestas descobertas e que apenas não as tinha publicado.

(1827 d.C.) O matemático alemão August Ferdinand Möbius publica *"Der barycentrische Calkul"*, um texto de Geometria Analítica. Möbius é lembrado na fita de Möbius, que é uma superfície bidimensional que tem apenas um lado, no entanto, esta fita já havia sido descrita anteriormente pelo matemático alemão Johann Benedict Listing, o primeiro a escrever um texto de Topologia.

(1829 d.C.) O matemático russo Nikolai Ivanovich Lobachevsky desenvolve a Geometria não-euclidiana, a Geometria Hiperbólica obtida negando o quinto postulado de Euclides. Ela Usa a negação do postulado com a afirmação: *"Dada uma linha e um ponto fora dela, há infinitas linhas que passam pelo ponto e que são paralelas a linha dada."*

(1832 d.C.) Farkas Wolfgang Bolyai, nascido na cidade de Nagyszeben, na antiga Hungria e atual Romênia, pai do matemático Janos Bolyai e grande amigo de Gauss, troca com este diversas cartas sempre mostrando muito interesse pelo quinto postulado de Euclides. Em 1832, Farkas publica o livro de Geometria não-euclidiana de seu filho Janos como o apêndice de um ensaio escrito pelo próprio Farkas.

(1837 d.C.) O matemático francês Pierre Laurent Wantzel prova que os clássicos problemas de duplicação do cubo e trissecção do ângulo não podem ser resolvidos com régua não graduada e compasso.

(1851 d.C.) O matemático alemão Georg Friedrich Bernhard Riemann em sua tese de doutorado, supervisionado por Gauss (1777 - 1855), expõe idéias de fundamental importância como as *"superfícies de Riemann"*. Nesta tese, Riemann estuda a teoria das variáveis complexas e, em particular, o que nós chamamos de superfícies de Riemann. Conseqüentemente, introduziu métodos topológicos na teoria das funções complexas. O livro é construído sobre os fundamentos da teoria das variáveis complexas de Cauchy (1789-1857), assunto desenvolvido muitos anos antes, existentes, também, nas idéias de Puiseux (1820-1883). Contudo, a tese de Riemann é impressionantemente original, um livro que examina propriedades geométricas de funções analíticas, de mapeamento conforme mapa de um plano considerado como o R^2 ou C para ele mesmo, e que preserva os ângulos, ou seja, o ângulo entre duas curvas é o mesmo ângulo entre suas imagens, e a conectividade das superfícies.

(1865 d.C.) O matemático alemão Julius Plücker fez grande avanços na Geometria, quando a quarta dimensão do espaço em que as linhas retas em vez de pontos são os elementos básicos.

(1868 d.C.) Eugênio Beltrami natural de uma cidade do extinto império austríaco, que atualmente pertence à Itália, publica *"Um Ensaio numa Interpretação das Geometrias Não-Euclidianas"*, que dá um modelo concreto para a Geometria não-euclidiana de Lobachevsky e Bolyai.

(1872 d.C.) Nascido na Prússia, atual Alemanha, Felix Christian Klein sintetizou a Geometria com o estudo das propriedades do espaço que são invariantes frente a um grande grupo de transformações, as quais **influenciaram sobremaneira o desenvolvimento da Matemática.**

(1882 d.C.) O matemático alemão Carl Louis Ferdinand von Lindemann prova que π é irracional. Isto prova a impossibilidade da construção de um quadrado com a mesma área de um círculo dado usando apenas régua e compasso. Chega ao fim, portanto, o clássico problema, que data da Grécia antiga, de quadrar o círculo, o qual tinha testado a força das idéias matemáticas por muitos séculos.

(1899 d.C.) O Matemático David Hilbert, também nascido na Rússia fez livros na área da Geometria, sendo o maior nesta área após Euclides. Fez um estudo sistemático dos axiomas da Geometria Euclidiana analisando seu significado e possibilitando que se propusesse 21 axiomas.

(1982 d.C.) O matemático polonês Benoit Mandelbrot publica *"A Geometria Fractal da Natureza"*, na qual desenvolve sua teoria da Geometria Fractal mais completa do que seu livro de 1975.

(1994 d.C.) O matemático francês Alain Connes publica o mais relevante texto em geometria não-comutativa (geometria construída sobre objetos que não comutam), como exemplo mais simples temos as rotações espaciais.

Capítulo 3
Uma Viagem à Geometria Euclidiana

3.1 Algumas Definições Básicas

As definições que se apresentam abaixo, junto com outras que foram omitidas por serem óbvias, são a base para as proposições apresentadas no decorrer deste livro.

(i) O ponto é o que não tem partes: não tem comprimento, largura e altura. Portanto, não tem dimensão.

Representação: ·

(ii) Uma linha é o que têm comprimento, mas não tem largura e altura. Possui, portanto, uma dimensão.

Representação: _____

(iii) As extremidades de uma linha, se existir, são pontos.

Representação:

(iv) Qualquer posição numa linha é um ponto.

Representação: a posição na linha, o ponto C na linha abaixo.

(v) Uma linha reta é uma linha que se assenta igualmente entre suas extremidades.

Representação e comentário: a definição de linha reta é difícil e (v) pouco contempla do seu real significado, no entanto, sua compreensão é elementar. Nossa visão não percebe diretamente os objetos em que na linha reta do olho e do objeto seja colocado diante de algum anteparo não transparente, por exemplo. Uma definição mais acurada pode ser *"linha reta é a linha que dá a menor distância entre dois pontos"*.

(vi) Um segmento de reta é uma linha reta finita cujos dois extremos são pontos.

Representação:

(vii) Uma superfície é o que tem apenas comprimento e largura.

Representação:

(viii) Um lugar qualquer de uma superfície é um ponto.

(ix) Uma superfície plana é uma superfície sobre a qual se assenta perfeitamente toda a linha reta entre dois pontos quaisquer da superfície.

Representação e comentário: o segmento de reta **EF** e o segmento de reta **GH** são pontos da superfície plana β. **EF** e **GH** se interceptam no ponto **R** que é um dos incontáveis pontos da superfície plana β.

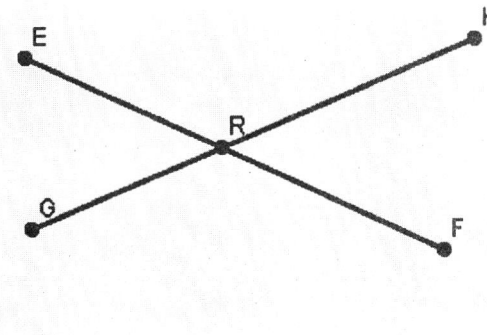

(x) Uma circunferência é um tipo de linha plana em que todos os seus pontos eqüidistam de um ponto chamado de centro.

Representação e comentário:

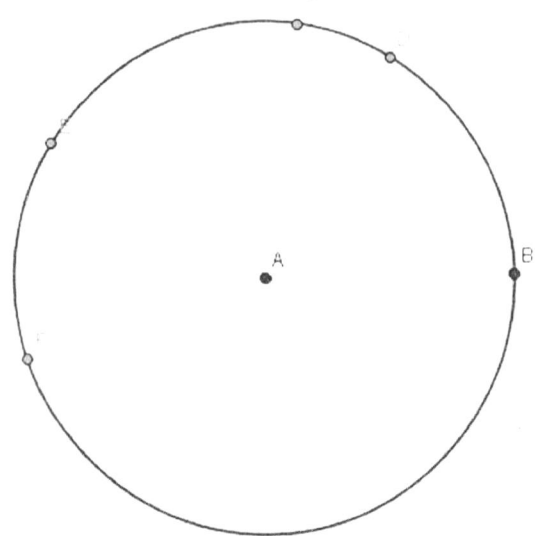

Os pontos **B, C, D, E e F**, que são pontos da circunferência, estão a mesma distância do ponto **A**. Chamaremos de **A'** a circunferência de centro **A**.

(xi) Qualquer segmento de reta que ligue o centro a um ponto da circunferência é chamado de raio dessa circunferência e estes são iguais em medida.

Representação e comentário:

O segmento **AB** é o raio da circunferência de centro **A** e que passa por **B**. Pela definição (xi) fica explícito que os segmentos **AD, AC, AE, AF e AG** também são raios dessa circunferência e, portanto são iguais em medida.

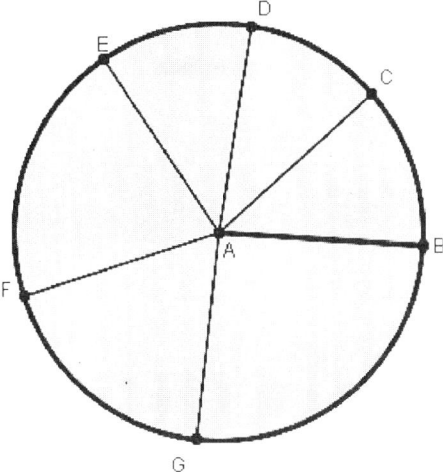

(xii) Um círculo é uma figura plana fechada por uma só linha, uma circunferência. Todas as linhas retas que, de um ponto existente no meio da figura, no centro da circunferência, se conduzem para a circunferência, são iguais entre si.

Representação e comentário: o ponto **A** é o centro da circunferência **A'**, **AB**, **AC** e **AD** são raios desta circunferência, logo são iguais.

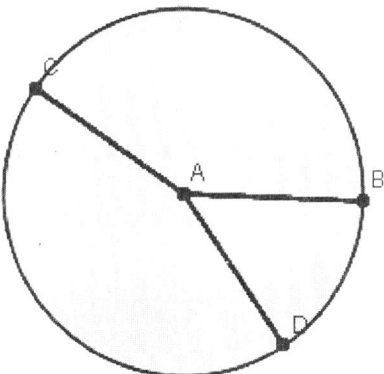

(xiii) Figuras retilíneas são as que são formadas por linhas retas, sendo as figuras triláteras as que são formadas por três linhas retas, as quadriláteras as que são formadas por quatro linhas retas e as multiláteras as que são formadas por mais de quatro linhas retas.

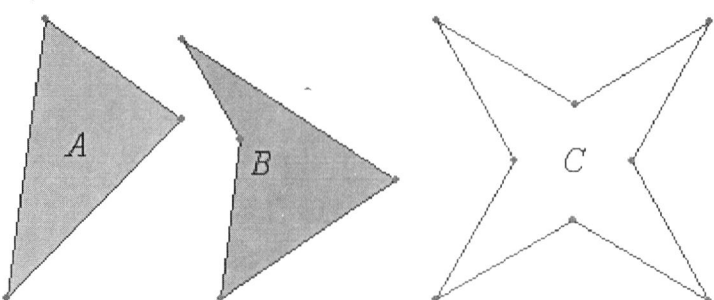

O trilátero **A** tem três lados, o quadrilátero **B** tem quatro lados e o multilátero **C** possui oito lados. As figuras **B** e **C** foram representadas com uma diferença de **A**, já que pode ser representado em **B** e **C** um segmento de reta não contido na figura, mesmo que suas extremidades pertençam a esta. O mesmo é impossível em **A**. No entanto, **B** e **C** poderiam ser representadas com a mesma propriedade de **A**.

(xiv) Das figuras triláteras, o triângulo eqüilátero é a que tem três lados iguais, o triângulo isósceles é o que tem dois lados iguais e o triângulo escaleno é o que tem os três lados desiguais. Das figuras quadriláteras, o paralelogramo é o que possui os lados opostos paralelos, o retângulo é o paralelogramo que possui os quatro ângulos retos e o quadrado é o retângulo que possui os quatro lados de mesma medida.

(xv) Um ângulo plano retilíneo é a inclinação recíproca de duas linhas retas que se tocam numa superfície plana e que não fazem parte da mesma linha reta.

Representação:

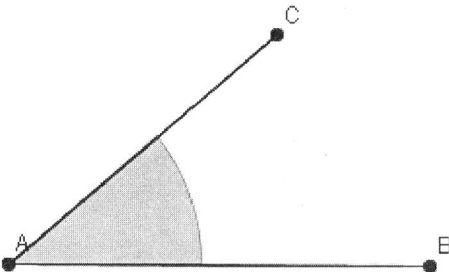

(xvi) Quando uma linha reta, incidindo com outra linha reta, fizer com esta dois ângulos adjacentes iguais, cada um desses ângulos é reto e a linha reta incidente diz-se perpendicular à linha com a qual incide.

Representação e comentário:

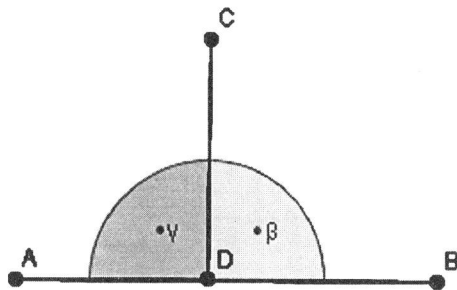

Supondo-se que, sobrepondo β e γ, eles sejam idênticos, então os ângulos **ADC** e **BDC** são iguais. Dessa forma os ângulos **ADC** e **BDC** são chamados de ângulos retos.

(xvii) Um ângulo agudo é um ângulo menor que um ângulo reto.

Representação e comentário:

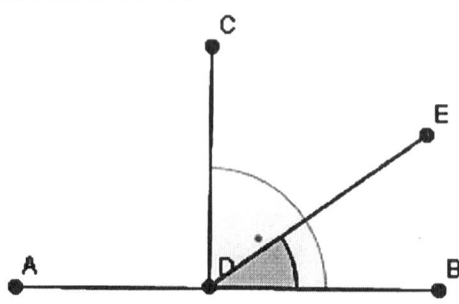

O ângulo **BDE** é menor do que o ângulo reto **BDC**.

(xviii) Um ângulo obtuso é um ângulo maior que um ângulo reto.

Representação e comentário:

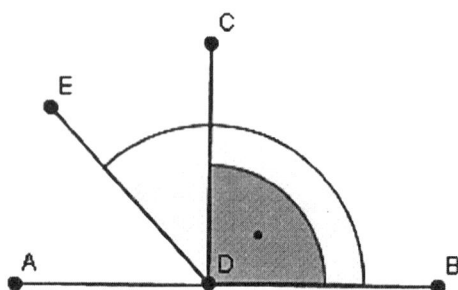

O ângulo **BDE** é maior do que o ângulo reto **BDC**.

(xix) Linhas retas paralelas são linhas retas que, estando na mesma superfície plana e sendo estendidas indefinidamente em ambas as direções, nunca chegam a se tocar.

(xx) Todo paralelogramo retangular (retângulo) está contido por duas linhas retas que contém o ângulo reto.

Representação e comentário: o retângulo **CFGE** está contido pelas linhas retas **CF** e **CE**, as quais contém o ângulo reto **FCE**. Este retângulo poderia ser, portanto, chamado de **CF x CE** e, da mesma forma, obviamente, poderia ser chamado de **FG x GE**.

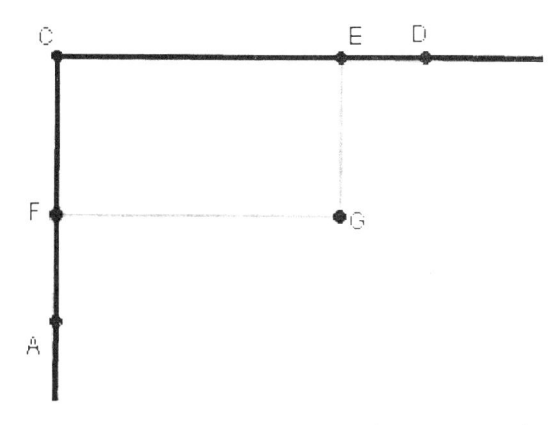

(xxi) Em uma área paralelogrâmica, a figura em L formada por qualquer paralelogramo em torno da diagonal junto com os dois complementos é chamada de gnomon.

Representação e comentário: seja o paralelogramo **EIDG** em torno da diagonal **AD**, os paralelogramos **FBIE** e **HEGC** são os complementos de **EIDG**.

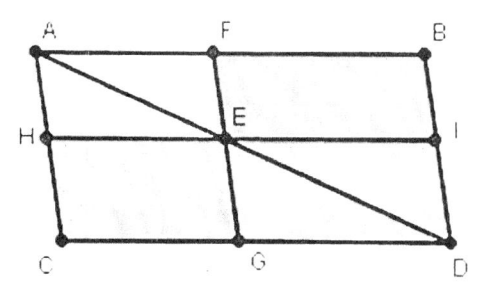

A figura em L, por exemplo, **HEFBDC** é um gnomon, ou seja, ele é formado pelos três paralelogramos **HEGC**, **EIDG** e **FBIE**.

(xxii) Área é a medida de uma superfície.

(xxxiii) Mede-se a área de uma superfície plana usando como unidade de medida uma figura plana definida e compreendida sobrepondo-se a figura sobre a superfície dada quantas vezes quanto se fizer necessário.

(xxxiv) Compara-se a área entre duas figuras planas sobrepondo-se uma a outra. Se ocuparem a mesma superfície, serão iguais, caso uma caiba dentro da outra, esta uma terá superfície menor, ou seja, sua área será menor.

3.2 Postulados

Para este ensaio nos valeremos dos seguintes postulados e axiomas de Euclides:

Postulado 1: é possível desenhar uma linha reta de qualquer ponto para qualquer ponto.

Representação e comentário:

A●────────────●B

É importante atentar que dados dois pontos como **A** e **B**, existe um segmento de reta **AB** que liga os dois, inclusive esse segmento é único. Esta construção pode ser feita com régua não graduada.

Postulado 2: é possível prolongar uma linha reta finita continuamente numa linha reta.

Representação e comentário:

Com régua não graduada é possível fazer esta construção. Este postulado não define o quanto o segmento de reta pode ser prolongado.

Postulado 3: é possível descrever um círculo ou uma circunferência com qualquer raio e centro.

Representação e comentário:

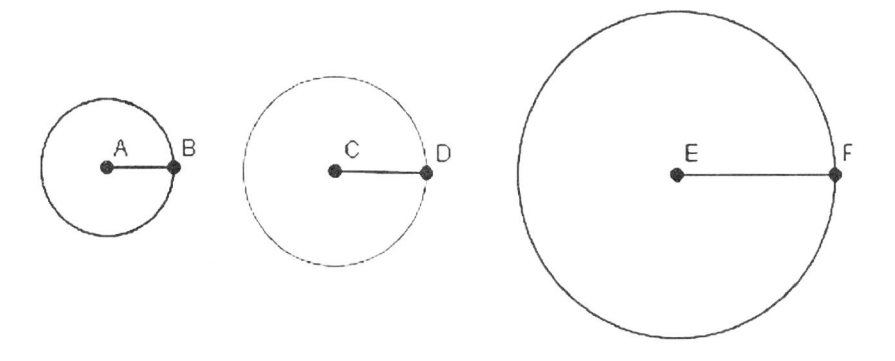

Note que este postulado sugere que os círculos sejam descritos com compasso e que, uma vez fixada a ponta seca do compasso, este seja aberto o quanto quisermos. No entanto, ao retirarmos a ponta seca do local, a operação deve se reiniciar, não permitindo portanto, a transferência de medidas com o compasso aberto.

Postulado 4: todos os ângulos retos são iguais.

Representação e comentário:

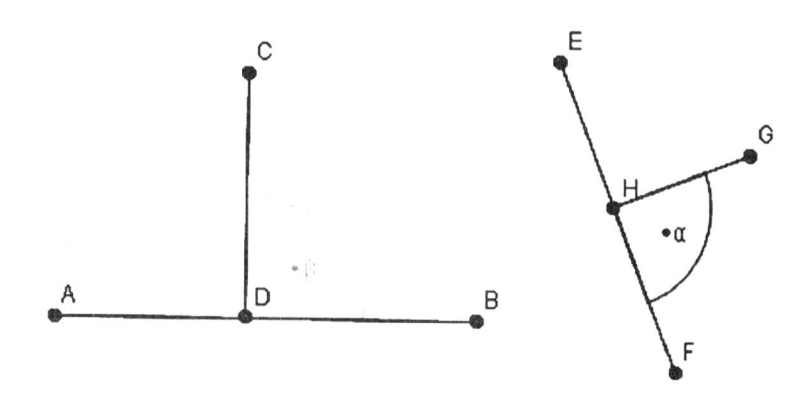

Este postulado apenas esclarece que qualquer ângulo formado no pé da perpendicular como o ângulo **BDC** é igual a outro formado nas mesmas condições como o ângulo **FHG**.

Postulado 5: se uma linha reta, encontrando-se com outras duas linhas retas que repousam num plano, fizer os ângulos internos do mesmo lado, menores que dois ângulos retos, então, estas duas retas, produzidas indefinidamente, encontrar-se-ão no lado no qual os ângulos são menores que dois ângulos retos.

Representação e comentário:

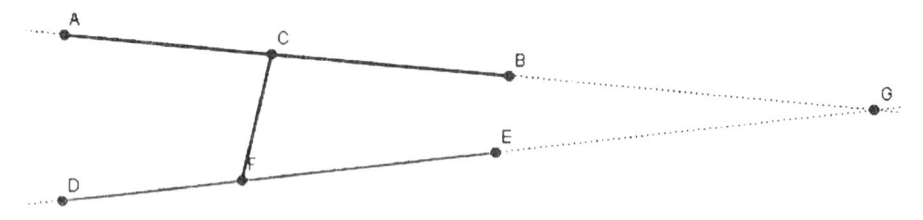

Prolongando-se **AB** na direção de **B** e **DE** na direção de **E**, **AB** e **DE**, eles se encontrarão em um ponto. No diagrama acima, a soma dos ângulos **EFC** e **BCF** é menor do que dois ângulos retos, enquanto a soma de **DFC** e **ACF** é maior do que dois ângulos retos.

3.3 Axiomas

Os axiomas abaixo se referem às grandezas de mesma espécie, pois não faz sentido comparar grandezas de espécies diferentes. Um ângulo pode ser comparado apenas com outro ângulo. Uma figura com outra figura. Um segmento com outro segmento.

Axioma 1: coisas que são iguais à mesma coisa também são iguais entre si.

Axioma 2: se iguais forem somados a iguais, então, os todos são iguais.

Axioma 3: se iguais forem subtraídos a iguais, então, os restos são iguais.

Axioma 4: coisas que coincidem umas com outras são iguais entre si.

Axioma 5: o todo é maior que a parte.

Axioma 6: se iguais forem adicionados a diferentes, então os todos serão diferentes. Ou seja, se uma primeira coisa for maior do que uma segunda, então, somando-se iguais às duas coisas, o todo da primeira será maior do que o todo da segunda.

3.4 Proposições

Proposição I: circunferências representadas no mesmo raio são iguais.

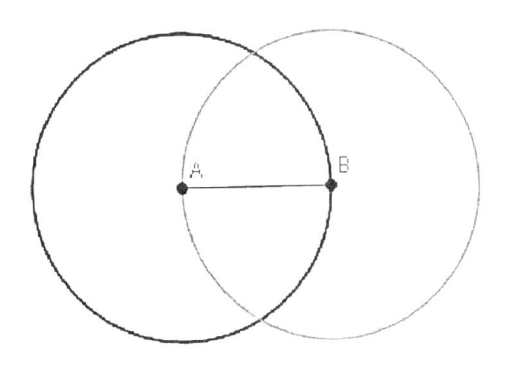

A circunferência (verde) de centro **B** passa no ponto **A**. A Circunferência (vermelha) de centro **A** passa no ponto **B**. As duas circunferências apresentam, portanto, o mesmo raio **AB**. (def. xi)

Sendo assim, poderíamos sobrepor uma circunferência à outra, fazendo coincidir os dois centros e, já que apresentam o mesmo raio, todos os pontos das duas circunferências coincidiriam.

Proposição II: dado um segmento **FG**, construir o segmento **GH** igual a **FG**.

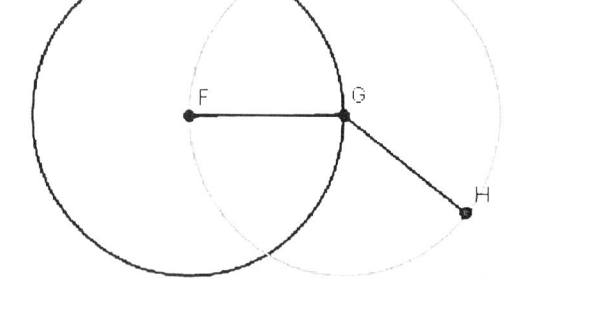

FG é raio das circunferências **G'** e **F'** e, portanto, são iguais (prop. I). **GH** é raio da circunferência **G'**. Logo, **FG** é igual a **GH** (def. xi).

Proposição III: construir um triângulo eqüilátero a partir de uma dada linha reta finita (é possível).

Demonstração:

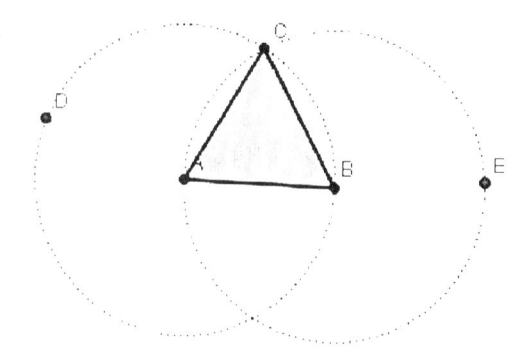

Seja **AB** uma dada linha reta, é requerido construir um triângulo eqüilátero sobre **AB**.

Com o centro em **A** e raio **AB** descreve-se a circunferência **BCD** e, com centro em **B** e raio **BA**, descreve-se a circunferência **ACE**. (post. 3)

Do ponto **C**, onde as circunferências se cortam reciprocamente, desenha-se, para os pontos **A** e **B**, as retas **CA** e **CB**. (post. 1)

Sendo o ponto **A** o centro da circunferência **CDB**, então, **AC** é igual a **AB**. E sendo o ponto **B** o centro da circunferência **CAE**, então, **BC** é igual a **BA**. (def. xii)

Mas, foi demonstrado que **AC** é igual a **AB**, logo as linhas retas **AC** e **BC** são iguais a **AB**. Como coisas iguais são iguais entre si, então **AC**, também é igual a **BC**. Assim, as três linhas retas **AC**, **AB** e **BC** são iguais entre si. (axioma 1)

Assim, o triângulo **ABC** construído sobre a linha reta **AB** é eqüilátero. (def. xiv)

Proposição IV: é possível traçar uma linha reta igual a uma dada linha reta com extremidade num dado ponto.

Seja **A** o ponto dado e **BC** a linha reta dada, é requerido colocar no ponto **A**, como extremidade, uma linha reta igual à linha reta **BC**.

Desenha-se, do ponto **A** ao ponto **B**, a linha reta **AB** e constrói-se sobre ela o triângulo eqüilátero **DAB**. (prop. III)

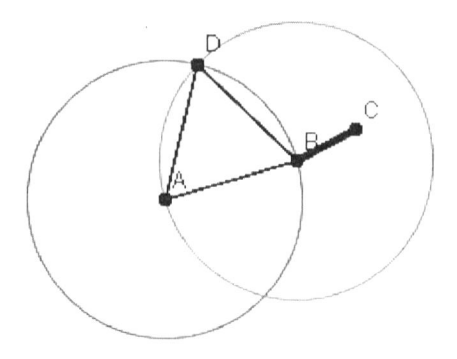

Prolonga-se **DA** até o ponto **E** e **DB** até o ponto **F**.

Descreve-se a circunferência com centro em **B** e raio **BC**.

No prolongamento de **DB**, marca-se o ponto **G** na intersecção de **BF** com a circunferência de centro **B** e raio **BC**.

Como **BG** também é raio da circunferência de raio **BC**, **BC** é igual a **BG**.

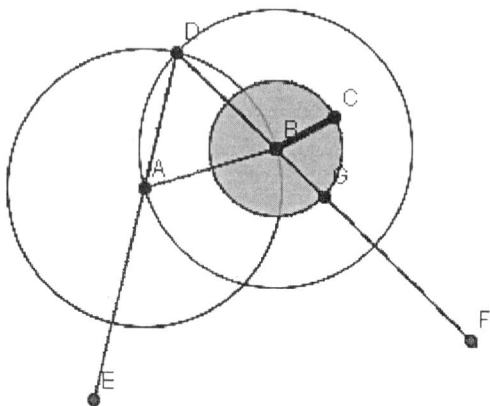

Descreve-se a circunferência de centro **D** e raio **DG**. Marca-se o ponto **L** na intersecção do prolongamento de **DA** com a circunferência de raio **DG**.

Como **DL** é, também, raio da circunferência de raio **DG**, então **DL** é igual a **DG**.

Como **DA** é igual a **DB** por serem ambos lados do triângulo eqüilátero **DAB**, então **Al** é igual a **BG**.

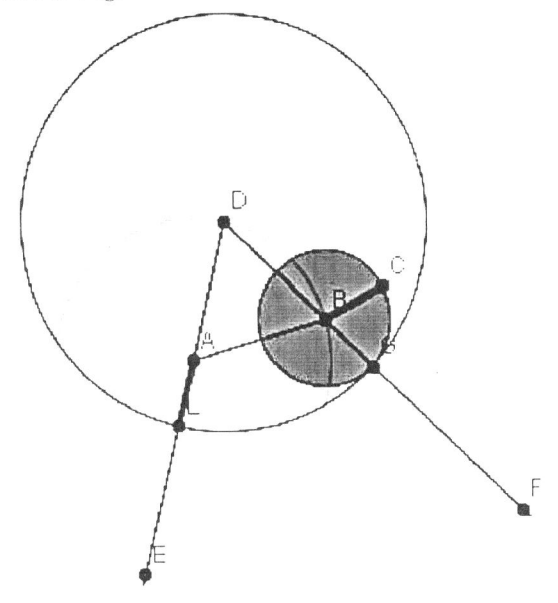

Mas, já foi demonstrado que **BC** é igual a **BG**, então **AL** é igual a **BG**. Assim, a demonstração fica completa.

<u>Proposição V</u>: é possível, dadas duas linhas retas desiguais, obter da linha reta maior uma parte igual à linha reta menor.

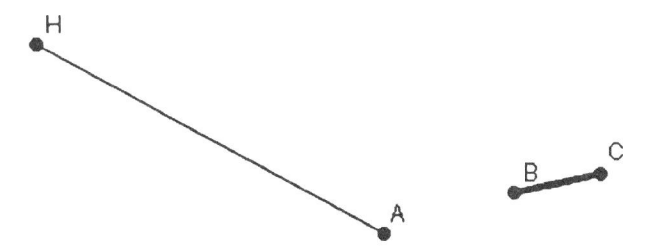

Sejam **AH** e **BC** dois segmentos de reta desiguais, é requerido cortar da linha reta maior **AH** uma parte igual à linha reta menor **BC**.

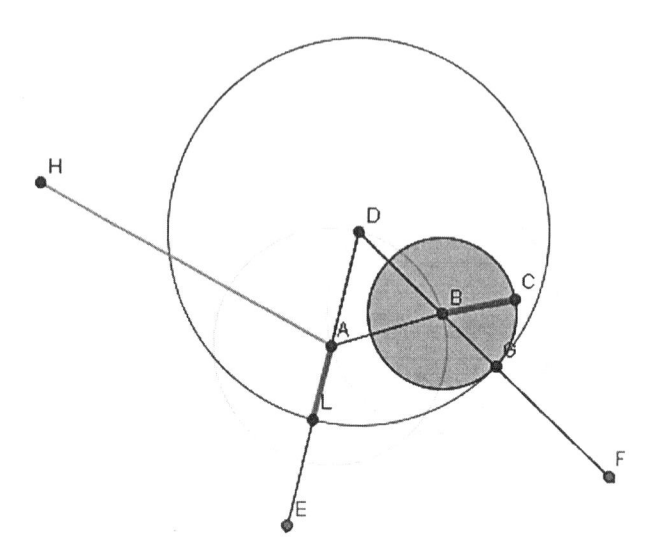

Conforme já descrito na proposição IV, construímos acima um segmento **AL** igual a **BC**. Como **AL** e **AH** possuem um extremidade comum, o ponto **A**, descreveremos abaixo uma circunferência de centro **A** e raio **AL**. Marcaremos **M** na intersecção de **AH** com a citada circunferência.

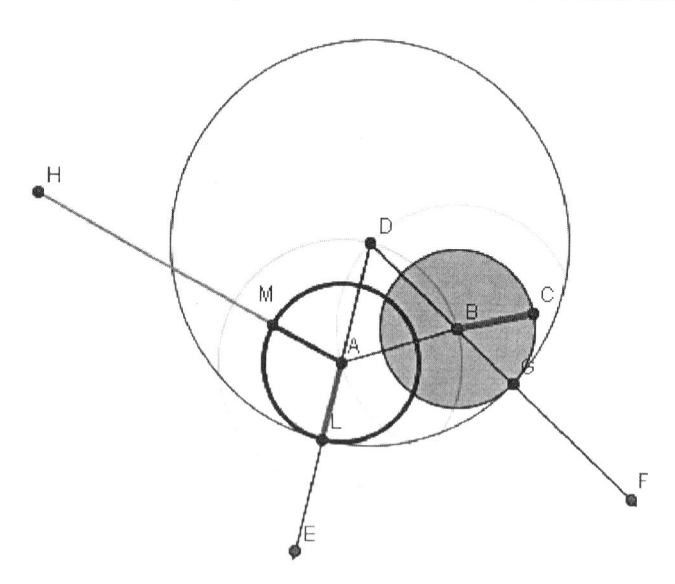

Como **AM** também é raio da circunferência de centro **A** e raio **AL**, então **AM** é igual a **AL**. Mas, já foi provado que **BC** é igual a **AL**, então **AM** é igual a **BC**.

Assim, obtivemos do segmento de reta maior **AH** um segmento de reta **AM** igual ao segmento menor **BC**. Ficando assim completa a demonstração.

Proposição VI: se dois triângulos têm dois lados iguais a outros dois lados respectivamente, e se os ângulos compreendidos por esses lados forem também iguais, então, as bases, os triângulos e os ângulos que são opostos aos lados iguais, também são iguais.

Sejam **ABC** e **DEF** dois triângulos com os dois lados **AB** e **AC** iguais aos dois lados **DE** e **DF** respectivamente, isto é, **AB** é igual a **DE** e **AC** é igual a **DF** e o ângulo **BAC** igual ao ângulo **EDF**.

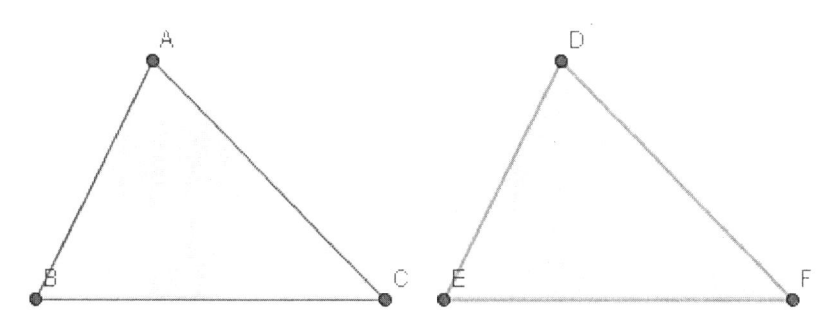

Digo que a base **BC** também é igual à base **EF**, o triângulo **ABC** é igual ao triângulo **DEF** e os outros ângulos são iguais aos outros ângulos respectivamente, isto é, os que ficam opostos a lados iguais, ou seja, o ângulo **ABC** é igual ao ângulo **DEF** e o ângulo **ACB** é igual ao ângulo **DFE**.

Se o triângulo **ABC** é posto sobre o triângulo **DEF** e se o ponto **A** é posto sobre o ponto **D** e as linhas retas **AB** sobre a **DE**, então, o ponto **B** também coincide com **E** porque **AB** é igual a **DE**.

Novamente, fazendo coincidir **AB** com **DE**, a linha reta **AC** também coincide com **DF** porque o ângulo **BAC** é igual ao ângulo **EDF**. Assim, o ponto **C** também coincide com **F** porque **AC** é igual a **DF**.

Mas **B** também coincide com **E**, logo a base **BC** coincide com a base **EF** e, portanto, são iguais. Assim, todo o triângulo **ABC** coincide com todo o triângulo **DEF**, portanto são iguais. Os outros ângulos também coincidem com os outros ângulos, logo são iguais; o ângulo **ABC** é igual ao ângulo **DEF** e o ângulo **ACB** é igual ao ângulo **DFE**. Ficando assim completa a demonstração.

Comentário: este é o famoso caso de congruência LAL (lado, ângulo, lado). É a base para diversas demonstrações geométricas.

Proposição VII: em qualquer triângulo isósceles, os ângulos da base são iguais e, se os dois lados iguais forem prolongados, os ângulos que se formam debaixo da base são iguais.

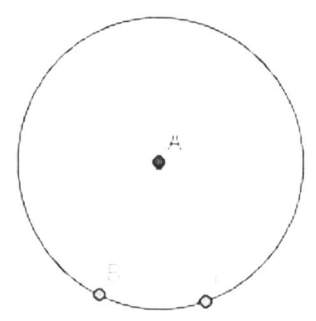

Seja a circunferência de centro e raio **AB** e **C** um ponto da circunferência, o triângulo **ABC** é um triângulo em que o lado **AB** é igual ao lado **AC**, um triângulo isósceles.

Prolonga-se o lado **AB** em linha reta até o ponto **D** e o lado **AC** em linha reta até o ponto **G**.

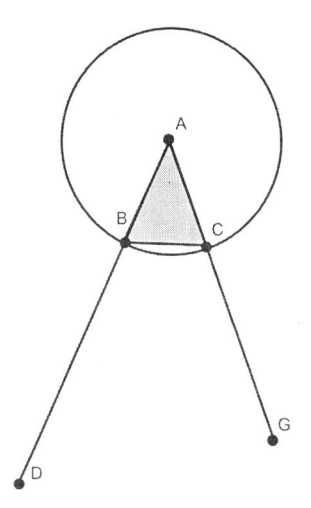

Afirma-se que o ângulo **ABC** é igual ao ângulo **ACB** e o ângulo **CBD** é igual ao ângulo **BCE**.

Toma-se um ponto arbitrário **E** na linha reta **BD** e Corte da linha reta maior **AG** uma parte **AF** igual a linha reta menor **AE**. Como **E** está sobre o segmento **AD**, então, os ângulos **CBD** e **CBE** são iguais. Também como **F** está sobre o segmento **AG**, os ângulos **BCG** e **BCF** são iguais.

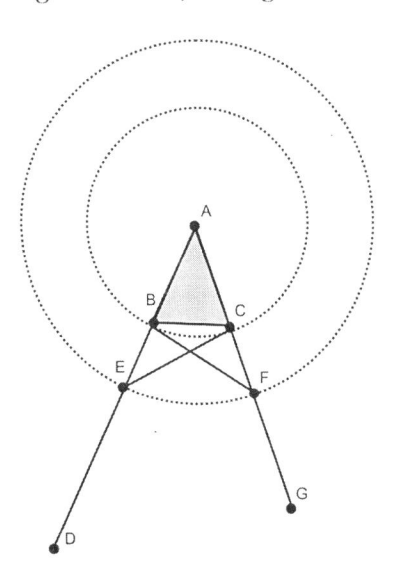

Descreve-se uma nova circunferência de centro **A** e raio **AE** e coloca-se o ponto **F** na intersecção de **AG** com a circunferência de raio **AE**.

Como **AF** é, também, raio da circunferência de raio **AE**, então, **AF** é igual a **AE**.

Desenha-se as linhas retas **FB** e **GC**. Afirmamos que os ângulos abaixo da base **EBC** e **BCF** são iguais.

Observa-se, em seguida, os triângulos **ACE** e **ABF**: o lado **AE** é igual ao lado **AF** conforme já foi demonstrado. O lado **AC** é igual ao lado **AB**, como também já foi demonstrado. O ângulo **EAC** é igual ao ângulo **BAF** pois **B** está sobre o segmento **AE**. Pelo caso **LAL** (proposição VI), os triângulos **ACE** e **EBF** são congruentes e, portanto, os lados **EC** e **BF**

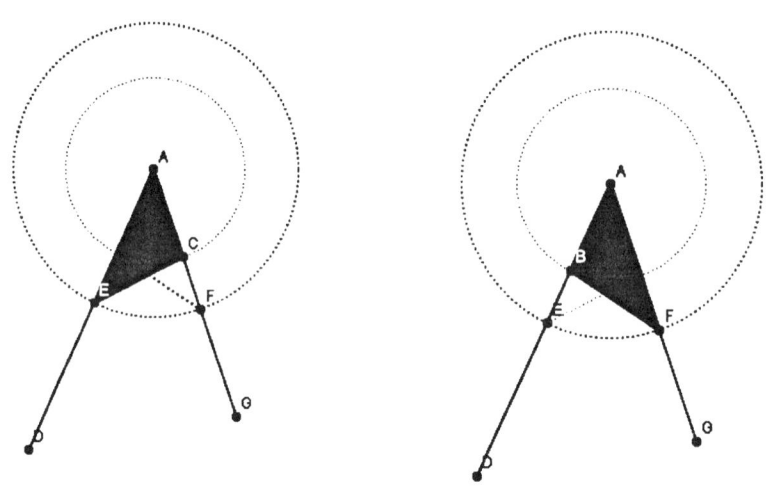

também são iguais, bem como os ângulos **ACE** e **ABF** e, também, os ângulos **AEC** e **AFB**.

Mas como foi demonstrado que **EC** é igual a **BF**, **BE** é igual **CF**, então os triângulos **BCF** e **BEC** são congruentes pelo caso **LAL** (proposição VI). Assim fica demonstrado que os ângulos **BCF** e **CBE** são iguais, conforme afirmado na segunda parte da proposição.

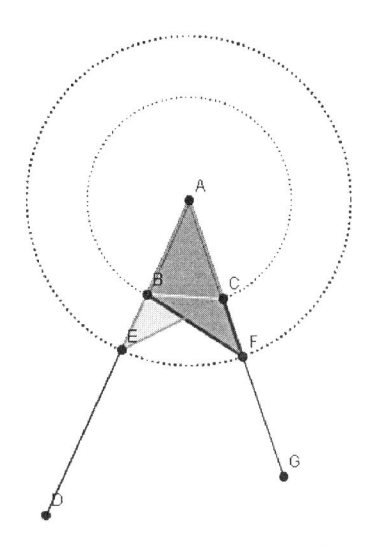

Também já foi demonstrado que os ângulos **ABF** e **ACE** são iguais; subtraindo **BCF** de **ACE** e subtraindo **CBE** de **ABF**, os ângulos restantes **ABC** e **ACB** também serão iguais (axioma 3). Ficando assim demonstrada a primeira parte da proposição.

Proposição VIII: dadas duas linhas retas que se intersectam num dado ponto, construídas a partir das extremidades de uma outra linha reta, não podem ser construídas outras duas linhas retas a partir das extremidades da mesma linha reta e do mesmo lado desta, que se intersectem num outro ponto e que sejam iguais às duas primeiras linhas retas construídas a partir da mesma extremidade.

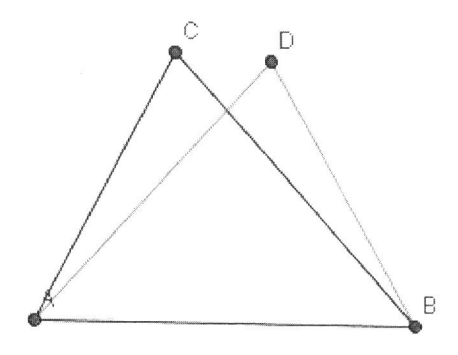

Se possível, dadas duas linhas retas **AC** e **CB** construídas sobre a mesma linha reta **AB** que coincidem no ponto **C**, tome **AD** e **DB** duas outras linhas retas construídas sobre a mesma linha reta **AB**, no mesmo lado desta, coincidentes num outro ponto **D** e iguais às duas linhas retas formadas respectivamente, isto é, cada uma igual à que tem a mesma extremidade, ou seja, **AC** é igual a **AD** que tem a mesma extremidade em **A** e **CB** é igual a **DB** que tem a mesma extremidade em **B**.

Desenhe **CD**.

Como **AC** é igual a **AD**, o ângulo **ACD** é igual ao ângulo **ADC**, pois são ângulos da base de uma triângulo isósceles (proposição VII), e como **ACD** é maior que **DCB**, o ângulo **ADC** é maior que o ângulo **DCB**. Logo, o ângulo **CDB** é maior que o ângulo **DCB**.

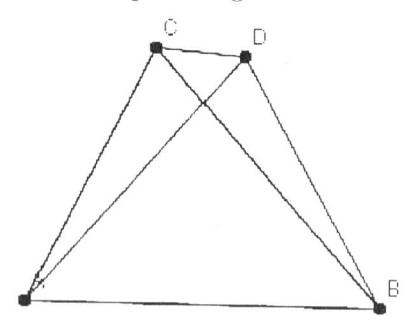

Novamente, como **CB** é igual a **DB**, o ângulo **CDB** é igual ao ângulo **DCB**. Mas, foi demonstrado que **CDB** é maior que **DCE**, o que é impossível. Ficando assim demonstrada a proposição para **D** externo ao triângulo **ABC**.

Consideremos como hipótese o ponto **D** interno ao triângulo **ABC**.

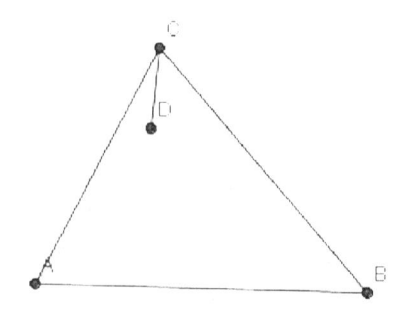

Como **AD** e **AC** são iguais, os ângulos **ADC** e **ACB** também devem ser iguais. Como **BD** e **BC** também são iguais em hipótese, então os ângulos **BDC** e **BCD** devem ser iguais.

Prolongando os lados **AD**, **AC**, **BD** e **BC** obtemos a próxima figura, na qual o ângulo **BCD** é menor que **ECD** (axioma 5). Os ângulos **CDF** e **ECD** são iguais por serem ângulos formados abaixo da base do triângulo isósceles **ACD** (proposição VII). O ângulo **BDC** é maior do que o ângulo **CDF** (axioma 5). Como já foi mostrado que o ângulo **BDC** é igual **BCD** e como o ângulo **BDC** é maior que **CDF**, então o ângulo **BCD** é maior que do que o ângulo **CDF**. Como já foi mostrado que o ângulo **CDF** é igual ao ângulo **ECD**, então, o ângulo **BCD** é maior do que o ângulo **ECD**. No entanto, vimos que o ângulo **BCD** é menor do que o ângulo **ECD**, uma contradição.

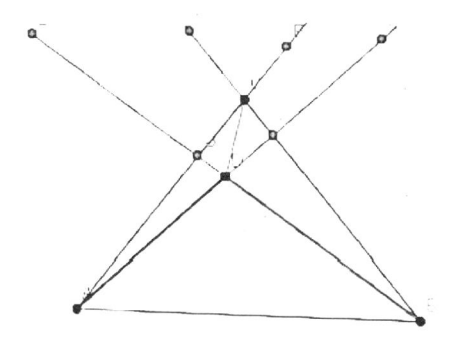

Ficando assim provada a proposição para o ponto **D** interno ao triângulo **ABC**, fica completa a demonstração.

Proposição IX: se dois triângulos têm dois lados iguais a dois lados, respectivamente, e bases também iguais, então, também, os ângulos formados pelas linhas retas iguais são iguais.

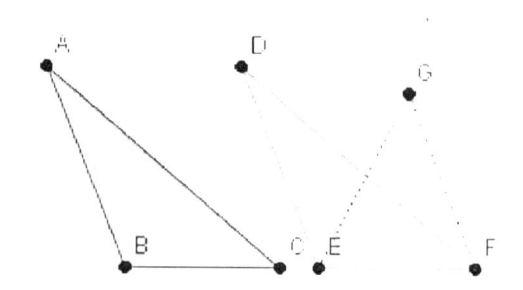

Sejam **ABC** e **DEF** dois triângulos com os dois lados **AB** e **AC** iguais aos dois lados **DE** e **DF** respectivamente, isto é, **AB** é igual a **DE** e **AC** é igual a **DF** e, também, com a base **BC** igual à base **EF**, afirma-se que: o ângulo **BAC** também é igual ao ângulo **EDF**, que o ângulo **BCA** é igual ao ângulo **EFD** e que o ângulo **BAC** é igual ao ângulo **EDF**.

Se o triângulo **ABC** é posto sobre o triângulo **DEF** e o ponto **B** é posto sobre o ponto **E**, assim como a linha reta **BC** sobre **EF**, então, o ponto **C** coincide com **F** porque **BC** é igual a **EF**. Assim, coincidindo **BC** com **EF**, as duas linhas retas **BA** e **AC** também coincidem com **ED** e **DF** e, se a base **BC** coincide com a base **EF**, e os lados **BA** e **AC** não coincidem com **ED** e **DF**, mas caem ao lado destas em **EG** e **GF**, então, dadas duas linhas retas construídas sobre uma linha reta e coincidentes num ponto, foram construídas na mesma linha reta, e no mesmo lado desta, duas outras linhas retas coincidentes em outro ponto e iguais às duas formadas respectivamente, isto é, as que têm as mesmas extremidades. Mas estas não podem ser construídas (proposição VIII) e, pela mesma proposição, também não podem estar internas ao triângulo **DEF**. Portanto, não é possível que, se a base **BC** coincide com a base **EF**, os lados **BA** e **AC** não coincidam com **ED** e **DF**. Logo, eles coincidem e o ângulo **BAC** coincide com o ângulo **EDF** e é igual a ele. Mas, de acordo com a (proposição VI), satisfazendo a condição descrita, os triângulos serão iguais e, portanto, o ângulo **BCA** é igual ao ângulo **EFD** e o ângulo **BAC** é igual ao ângulo **EDF**. Ficando assim completa a demonstração.

Proposição X: bissectar um ângulo retilíneo dado.

Seja **BAC** um dado ângulo retilíneo, é requerido bissectar este ângulo.

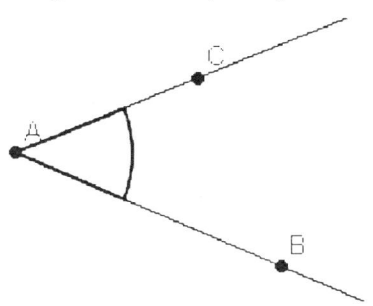

Tome um ponto arbitrário **D** em **AB**, corte da linha reta maior **AC** uma parte **AE** igual à linha reta menor **AD**: como **AD** e **AE** são raios da circunferência **A'**, **AD** é igual a **AE** (ig.1). Desenhe a linha reta **DE** e construa o triângulo eqüilátero **DEF** em **DE**: descreva as circunferência **D'** e **E'**, ambas de raio **ED** e, marcando-se **F** na intersecção de **D'** e **E'**, a reta **DF** é igual **ED** por ser raio da circunferência **D'** enquanto **EF** é raio da circunferência **E'** e, portanto, **EF** é igual **ED**. Pelo axioma 1, **EF** é igual **DF** (Fig.2).

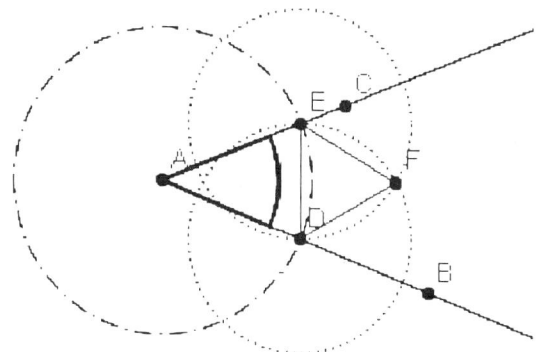

Desenhe a linha reta **AF**. Afirma-se que o ângulo **BAC** é bisseccionado pela linha reta **AF**.

Pela igualdade 1, **AD** é igual a **AE** e **EF** é igual a **DF** pela igualdade 2; **AF** é comum. Então, os dois lados **AD** e **AF** são iguais aos dois lados **EA** e **AF**, respectivamente. E, a base **DF** é igual à base **EF** e, portanto, o ângulo **DAF** é igual ao ângulo **EAF**. Ficando demonstrada a proposição.

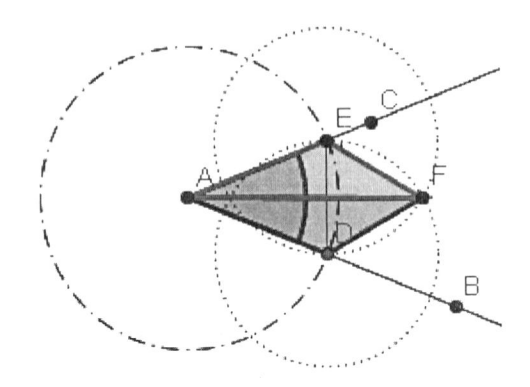

Comentário: podemos resumir a demonstração usando uma simbologia matemática mais acurada.

Tomemos a última figura:

AD=AE (raios da mesma circunferência)

EF=DF (sendo DF igual ED, por serem raios da circunferência **D'**, **EF=ED**, por serem ambos raios da circunferência **E'** e, conseqüentemente, por transitividade, **EF=DF**)

AF = AF (propriedade reflexiva da igualdade)

O Triângulo **AEF** é congruente ao triângulo **ADF** pelo caso LLL. Logo, $\angle CAF = \angle BAF$ Aqui, fica completa a demonstração.

Proposição XI: bissectar uma linha reta finita dada.

Seja **AB** uma dada linha reta finita, é requerido bissectar a linha reta finita **AB**.

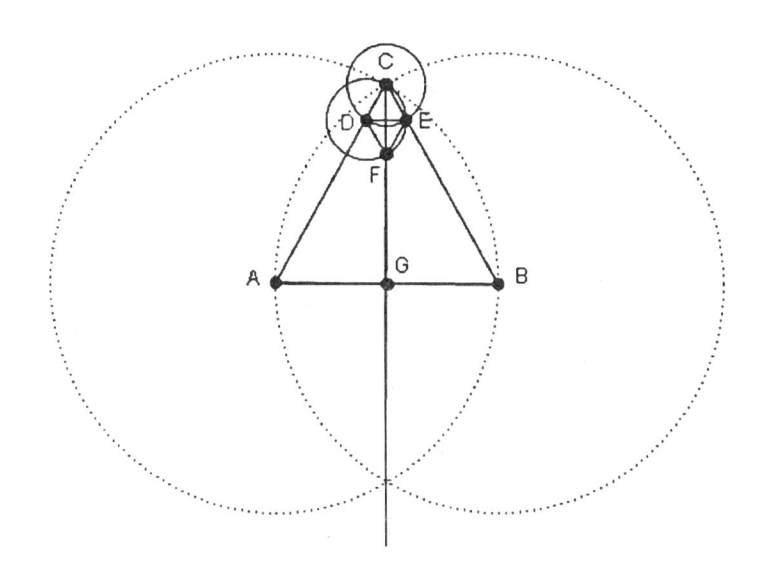

Construa o triângulo eqüilátero **ABC** sobre a reta **AB** (proposição III) e bissecte o ângulo **ACB** com a linha reta **CG**, conforme a proposição **X**. Afirma-se que a linha reta **AB** foi bissectada no ponto **G**.

Como **CA** é igual a **CB**, por serem lados de um triângulo eqüilátero, e **CG** é comum, então, os dois lados **CA** e **CG** são iguais aos dois lados **CB** e **CG** respectivamente, assim como o ângulo **ACG** é igual ao ângulo **BCG**, então os triângulos **ACG** e **BCG** são congruentes pelo caso **LAL** (proposição VI); logo, a base **AG** é igual à base **BG**.

Assim, a dada linha reta **AB** foi bissectada pelo ponto **G**, produzindo dois segmentos de reta iguais, **AG** igual a **BG**.

Proposição XII: traçar uma linha reta que passe por um ponto contido numa outra linha reta e que faça com esta um ângulo reto.

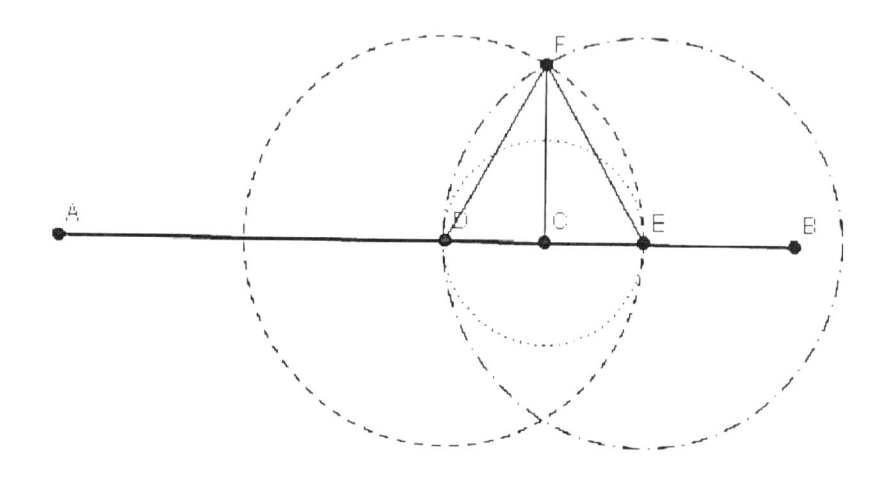

Seja **AB** uma linha reta dada e **C** um ponto da reta **AB**, é requerido desenhar uma linha reta perpendicular do ponto **C** à linha reta **AB**. Tome um ponto arbitrário na reta **AC** e torne **CE** igual a **CD**.

Construa o triângulo eqüilátero **FDE** em **DE** (proposição III) e desenhe a linha reta **CF**. Afirma-se que a linha reta **CF** é perpendicular à linha reta **AB** no ponto **C**.

Como **CD** é igual a **CE** e **CF** é comum, então, os dois lados **CD** e **CF** são iguais aos lados **CE** e **CF** respectivamente e a base DF é igual à base EF. Portanto, os triângulos **FDC** e **FCE** são congruentes pelo caso **LLL** (proposição IX) e, conseqüentemente, o ângulo **DCF** é igual ao ângulo **ECF** e estes são adjacentes. Mas, quando uma linha reta, incidindo em outra linha reta, fizer com esta dois ângulos adjacentes iguais, cada um desses ângulos é reto (definição xvi) e, logo, os ângulos **DCF** e **FCE** são retos. Ficando assim demonstrada a proposição.

Proposição XIII: traçar uma linha reta perpendicular a uma dada linha reta infinita e que passe por um ponto exterior a esta.

Seja uma linha reta infinita que passa nos pontos **A** e **B** e um ponto **C** que não esteja nessa reta, é pedido para desenhar uma reta que passa no ponto **C** e que seja perpendicular à reta que passa por **A** e **B**.

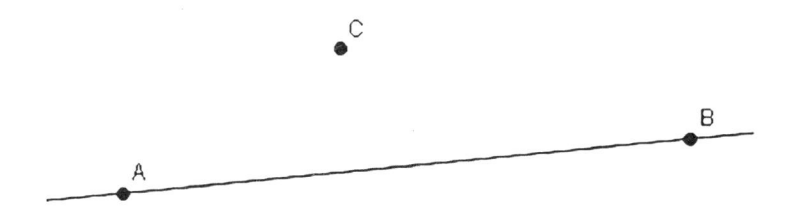

Tome um ponto arbitrário **D** no outro lado da reta **AB** e descreva o círculo **EDF** com centro em **C** e raio **CD**. Em seguida, bisseccionando a linha reta **EF** no ponto **K** (proposição XI).

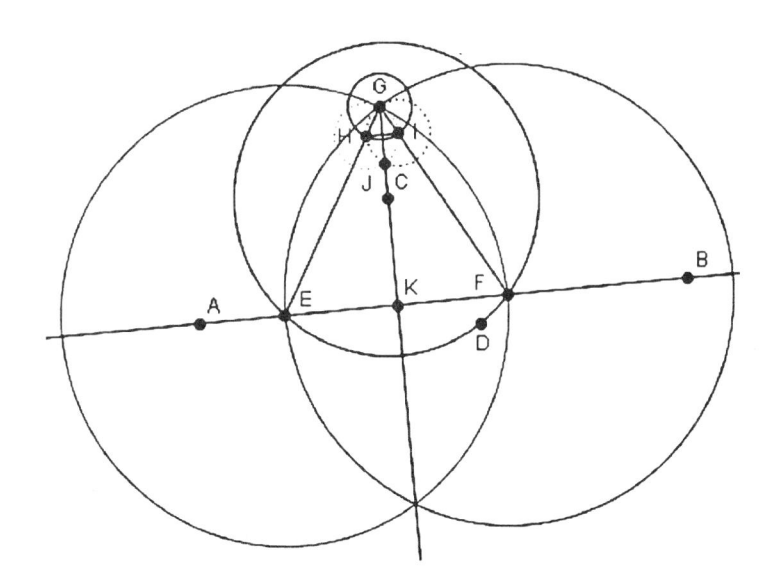

Marque os segmentos **CE, CF, CK, EK** e **FK**.

Dessa forma **CF** é igual a **CE**, pois são raios da mesma circunferência **C'**. **EK** é igual a **FK**, pois foram formados pela bissecção do segmento **EF**; **CK** é lado comum aos dois triângulos **CFK** e **CEK**. Assim, os citados triângulos são congruentes pelo caso **LLL** (proposição IX) e, dessa forma, os ângulos **FKC** e **EKC** são iguais. Então, de acordo com a definição xvi, o segmento de reta **CK** é perpendicular à reta que passa por **A** e **B**. Ficando assim completa a demonstração.

Proposição XIV: se uma linha reta se apóia em outra linha reta, então, ela forma dois ângulos retos ou sua soma é igual a dois retos.

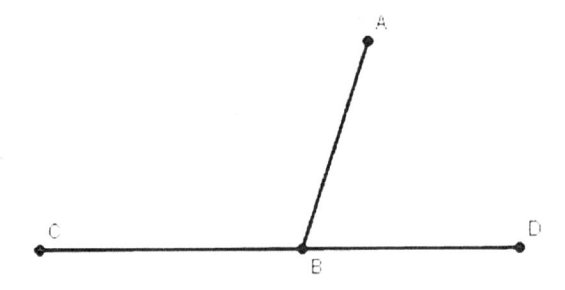

Tome uma linha reta **AB** se apoiando na linha reta **CD** e formando os ângulos **CBA** e **ABD**, afirma-se que os ângulos **CBA** e **ABD** são, ambos, ângulos retos ou sua soma é igual a dois ângulos retos. Agora, se o ângulo **CBA** é igual ao ângulo **ABD**, então, ambos são ângulos retos, segundo a definição xiv. Mas, se o ângulo **CBA** não é igual ao ângulo **ABD**, desenhe, então, uma linha reta perpendicular ao segmento **CD** que tenha como um dos extremos o ponto **B**. Para isto, construa o triângulo eqüilátero **MGF** (proposição III) em que **B** é o ponto médio da base que deve estar sobre o segmento **CD**. Bissecte o ângulo **MGF** conforme proposição **X** . Dessa forma, sendo o ângulo **MGB** igual a **BGF**, os triângulos **MGB** e **BGF** são congruentes pelo caso **LAL** (proposição VI), já que **FG** e **MG** são iguais e **GB** é lado comum. Assim, também os ângulos **MBG** e **FBG** são congruentes e, pela definição xvi, **GB** é perpendicular a **CD**.

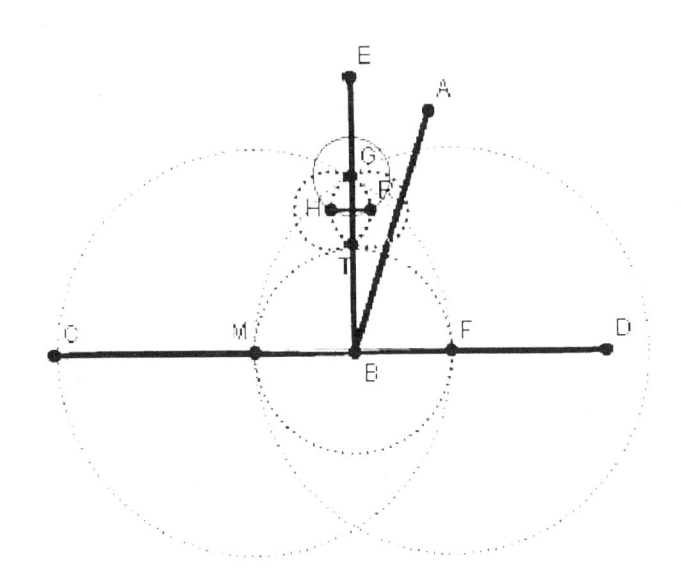

Desenhe o segmento de reta **BE**, de forma que tenha uma extremidade em **B** e que passe no ponto **G**; portanto, **BE** será perpendicular a **CD**. Dessa forma os ângulos **CBE** e **EBD** são iguais a dois ângulos retos. Desde que o ângulo **CBE** seja igual a soma dos ângulos **CBA** e **ABE**, some o ângulo **EBD** a eles e, então, a soma dos ângulos **CBE** e **EBD** é igual a soma dos três ângulos **CBA**, **ABE** e **EBD**.

Novamente, desde que o ângulo **DBA** seja igual a soma dos dois ângulos **DBE** e **EBA**, some o ângulo **ABC** a eles. Então, a soma dos ângulos **DBA** e **ABC** é igual a soma dos três ângulos **DBE**, **EBA** e **ABC**.

Mas, já foi provado que a soma dos ângulos **CBE** e **EBD** é igual a soma dos mesmos três ângulos e, coisas que são iguais a outra coisa são iguais entre si (axioma 1). Então, a soma dos ângulos **CBE** e **EBD** é, também, igual à soma dos ângulos **DBA** e **ABC**. Mas os ângulos **CBE** e **EBD** são dois ângulos retos, então, a soma dos ângulos **DBA** e **ABC** é, também, igual a dois ângulos retos. Ficando assim demonstrada a proposição.

Comentário: essa demonstração poderia, também, ser resumida tomando-se uma construção geométrica em que **B** fosse feito ponto médio do segmento de extremos **M** e **F**, sendo isso possível com a circunferência de centro **B** e raios **BM** e **BF**.

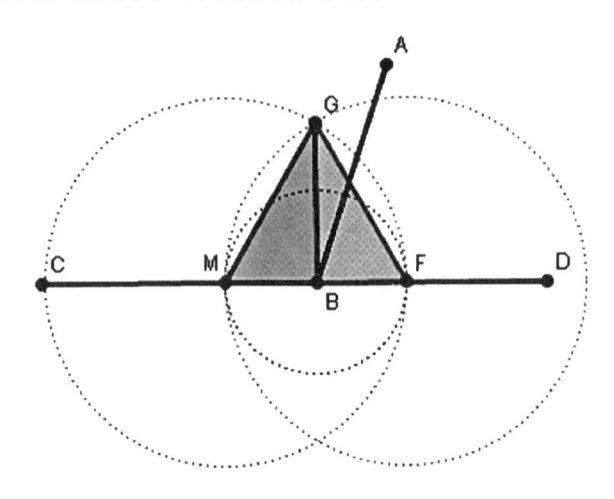

Constrói-se em seguida um triângulo eqüilátero usando a circunferência de centro **M** e raio **MF** e a circunferência de centro **F** e raio **FM**. Marca-se o ponto **G** na intersecção destas duas circunferências e toma-se o triângulo eqüilátero **MFG**. Em seguida, traçamos o segmento **GB**. Afirma-se que **GB** é perpendicular a **CD**.

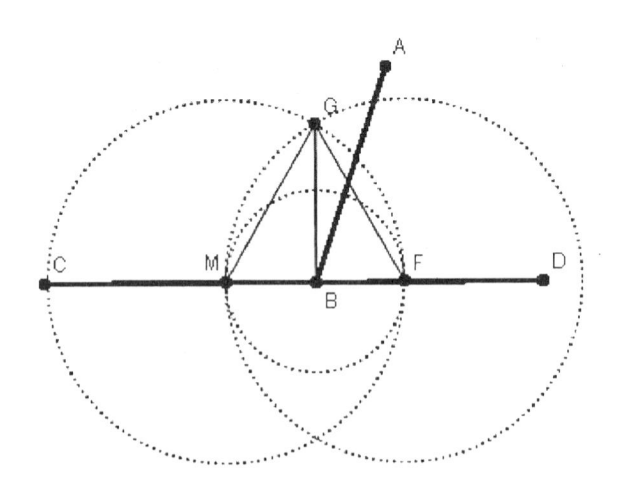

Para provar esta afirmação, observe os triângulos MGB e BGF. GF é igual a GM pois são lados do triângulo eqüilátero MGF. MB é igual a BF, pois são raios da circunferência de centro B. GB é lado comum. Logo, pelo caso LLL (proposição IX), os triângulos MGB e BGF são congruentes. Dessa forma, os ângulos MBG e FBG são iguais e, portanto, pela definição xvi, GB é perpendicular a MF e, conseqüentemente, a CD. E, o restante da demonstração seguiria idêntica ao que foi feito na proposição XIV.

Proposição XV: se duas linhas retas se intersectam, então, os ângulos opostos pelo vértice são iguais entre si.

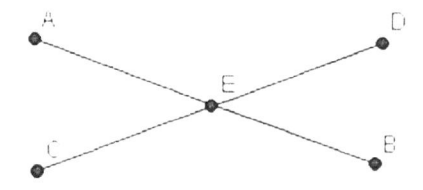

Demonstração:

Sejam **AB** e **CD** duas retas que se intersectam no ponto E. Digo, que o ângulo **CEA** é igual ao ângulo **DEB** e o ângulo **BEC** é igual ao ângulo **AED**.

Como a linha reta **AE** está sobre a linha reta CD fazendo os ângulos **CEA** e **AED**, então, a soma dos ângulos **CEA** e **AED** é igual a dois ângulos retos. De novo, como a linha reta **DE** está sobre a linha reta **AB** fazendo os ângulos **AED** e **DEB**, então, a soma dos ângulos **AED** e **DEB** é igual a dois ângulos retos. Mas, foi demonstrado que a soma dos ângulos **CEA** e **AED** é igual a dois ângulos retos, logo, a soma dos ângulos **CEA** e **AED** é igual à soma dos ângulos **AED** e **DEB**. Subtraia-se o ângulo **AED** de cada um. Então, o ângulo restante **CEA** é igual ao ângulo restante **DEB**. Do mesmo modo, pode-se demonstrar que os ângulos **BEC** e **AED** também são iguais.

Assim, se duas linhas retas se intersectam, então, fazem os ângulos opostos pelo vértice iguais entre si. Ficando completa a demonstração.

Comentário: usando artifícios modernos da Matemática, esta proposição seria demonstrada da seguinte forma:

Observe os ângulos a e b opostos pelo vértice e os ângulos c e d, também opostos pelo vértice, conforme o desenho:

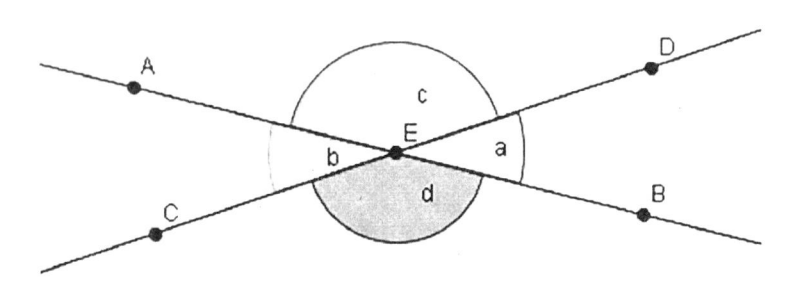

Afirma-se que **a** = **b** e que **c** = **d**

(i) **a** + **c** = 180º

(ii) **b** + **c** = 180º

Logo, **a** +**c** = **b** + **c** que, subtraindo c, dois membros resulta **a** = **b (iii)**

(iv) **b** + **d** = 180º

(v) **b** + **c** = 180º

Logo, **b** +**d** = **b** + **c**, que se subtraindo d, dois membros resulta **b** = **c (vi)**

Dessa forma, (iii) e (vi) demonstram que ângulos opostos pelo vértice são iguais entre si.

Proposição XVI: em qualquer triângulo, se um dos lados for prolongado, então, o ângulo externo é maior que cada um dos ângulos internos e opostos.

Observe o triângulo **ABC** em que o lado **BC** foi prolongado até o ponto **D**.

Afirma-se que o ângulo externo **ACD** é maior do que o ângulo interno e oposto **ABC**. E, também, que é maior do que o ângulo interno e oposto **BAC**.

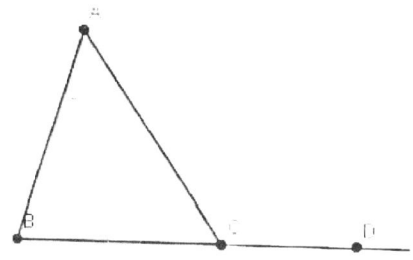

Bissecte o lado **AC** no ponto **E**, conforme proposição XI.

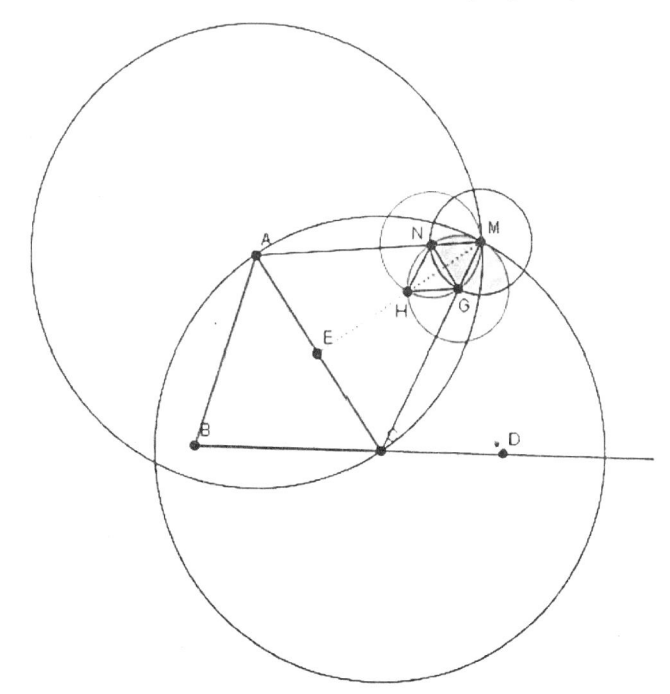

Desenhe **BE** e o prolongue em linha reta até **F**, de forma que **EF** seja igual a **BE**.

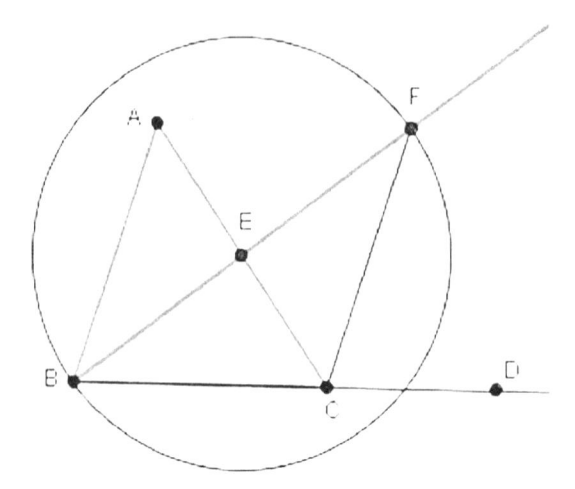

Observe que **BE** e **EF** são raios da mesma circunferência **E'**. Desenhe, também, o segmento **CF**.

Focalize os triângulos **ABE** e **FEC**:

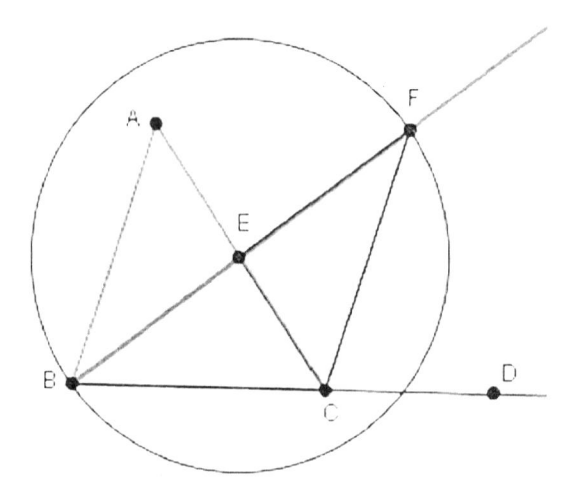

Os lados **AE** e **EC** são iguais, pois **AC** foi bisseccionado no ponto **E**. Os lados **BE** e **EF** são iguais, pois **BE** e **EF** são raios da mesma circunferência **E'**. Os ângulos **AEB** e **FEC** são iguais, pois são opostos pelo vértice (proposição XV).

Então, de acordo com a proposição VI, os triângulos **ABE** e **FEC** são congruentes. E, dessa forma, o ângulo **BAC** é igual ao ângulo **ACF**.

De acordo com o axioma 5, o todo é maior do que a parte e, portanto, o ângulo **ACD** é maior do que o ângulo **BAC**. Aqui fica completa a primeira parte da demonstração.

Para provar que o ângulo externo **ACD** é também maior do ângulo interno e oposto **ABC**, bissecte o lado **BC** no ponto **I**, conforme proposição XI.

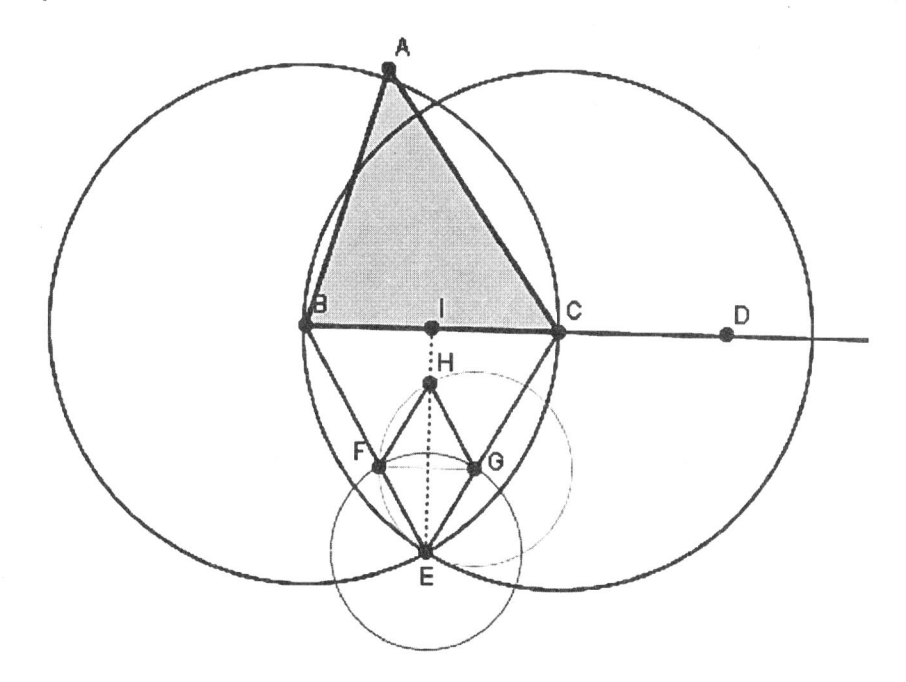

Em seguida, desenhe **AI** e prolongue **AI** em linha reta até **T**, de forma que **IT** seja igual a **AI**.

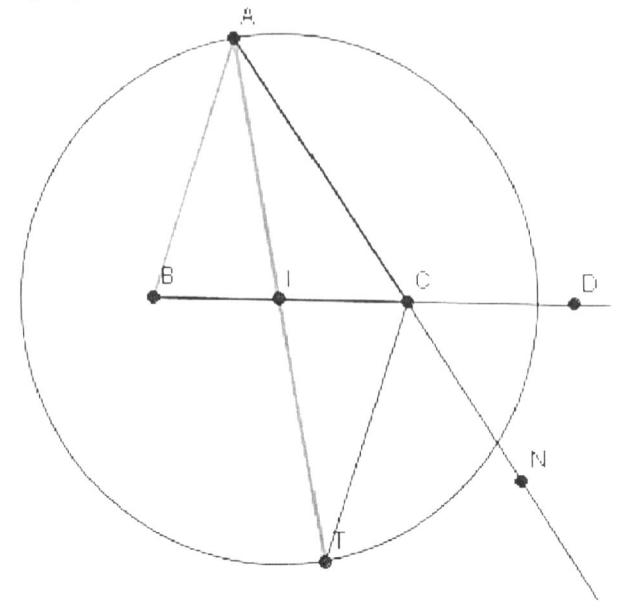

Observe-se que **AI** e **IT** são raios da mesma circunferência **I'**.

Ligue **T** com **C**.

Prolongue o lado **AC** até o ponto **N**, formando o ângulo **BCN** externo ao triângulo **ABC** e, ao mesmo tempo, oposto pelo vértice com o ângulo externo **ACD**.

Focalizem os triângulos **ABI** e **ICT** da próxima página:

os lados **BI** e **IC** são iguais, pois **BC** foi bisseccionado no ponto **I**. Os lados **AI** e **IT** são iguais, pois **AI** e **IT** são raios da mesma circunferência **I'**. Os ângulos **AIB** e **TIC** são iguais, pois são opostos pelo vértice (proposição XV).

Então, de acordo com a proposição VI, os triângulos **AIB** e **TIC** são congruentes. E, dessa forma, o ângulo **ABC** é igual ao ângulo **BCT**.

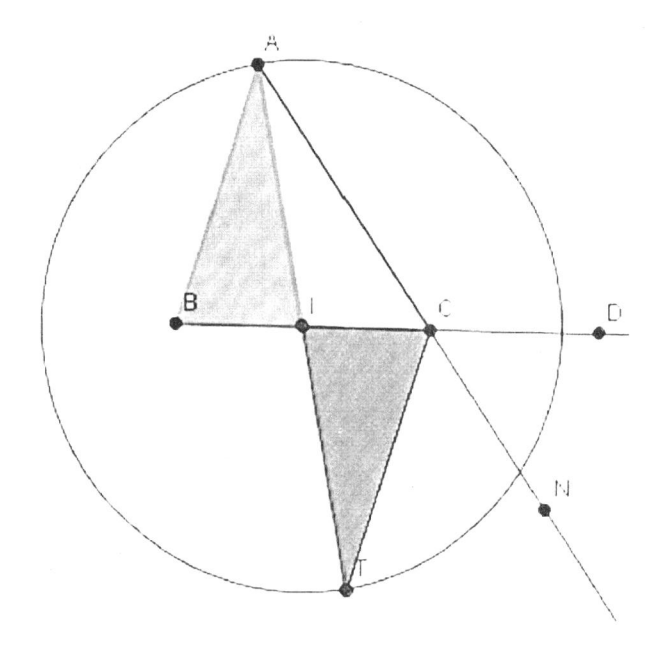

De acordo com o axioma 5, o todo é maior do que a parte e, portanto, o ângulo **BCN** é maior do que o ângulo **BCT** e, conseqüentemente, o ângulo **BCN** é maior do que o ângulo **ABC**. Mas, o ângulo **BCN** é igual ao ângulo **ACD**, pois são opostos pelo vértice (proposição XV) e, assim, o ângulo **ACD** é maior do que o ângulo **ABC**. Dessa forma, fica completa a segunda parte da demonstração.

Proposição XVII: em um triângulo, a soma de dois ângulos internos quaisquer é menor do que dois retos.

Tomando o triângulo **ABC**, afirma-se que a soma dos ângulos de dois ângulos internos quaisquer é menor do que dois ângulos retos.

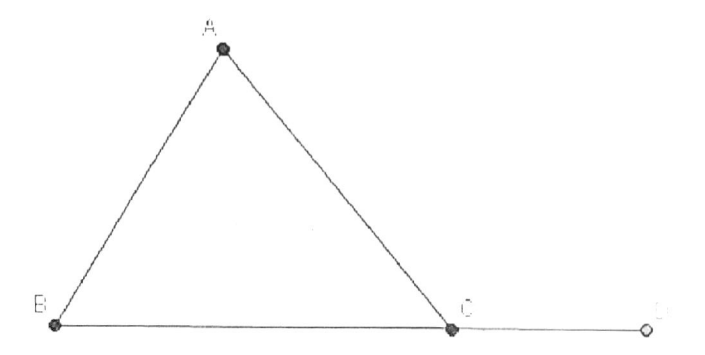

Prolongue-se o lado **BC** até o ponto **D**. Desde que o ângulo **ACD** seja um ângulo externo do triângulo **ABC**, ele é maior do que o ângulo interno e oposto **ABC** (proposição XVI). Some o ângulo **ACB** a cada um dos ângulos **ABC** e **ACD**. Então, a soma dos ângulos **ACD** e **ACB** é maior do que a soma dos ângulos **ABC** e **BCA** (axioma 6). Mas, a soma dos ângulos **ACD** e **ACB** é igual a dois ângulos retos conforme proposição XIV. Então, a soma dos ângulos **ABC** e **BCA** é menor do que dois ângulos retos.

De forma similar, prova-se que a soma dos ângulos **BAC** e **ACB** é, menor do que dois ângulos retos e, que a soma dos ângulos **CAB** e **ABC**, também é menor do que dois ângulos retos. Ficando, pois, completa a demonstração.

Proposição XVIII: é possível construir um ângulo retilíneo igual a um dado ângulo retilíneo numa linha reta e em um ponto desta.

Dado o ângulo retilíneo **BAC** e a linha reta **DE**, afirma-se que existe uma construção geométrica com régua não-graduada e compasso que permite desenhar o ângulo **BAC** com vértice no ponto **D** e um dos lados sobre **DE**.

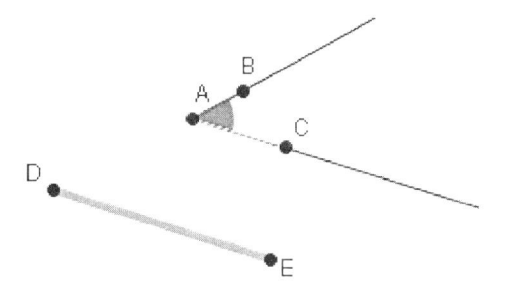

Demonstração:

Ligue **BC** formando o triângulo **BAC**.

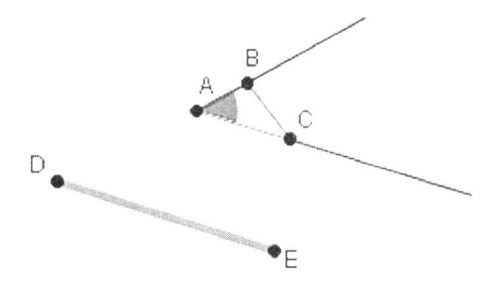

Em seguida, proceda como na proposição V, transportando o lado **AB** sobre a linha reta **DE** e fazendo coincidir **A** com **D**.

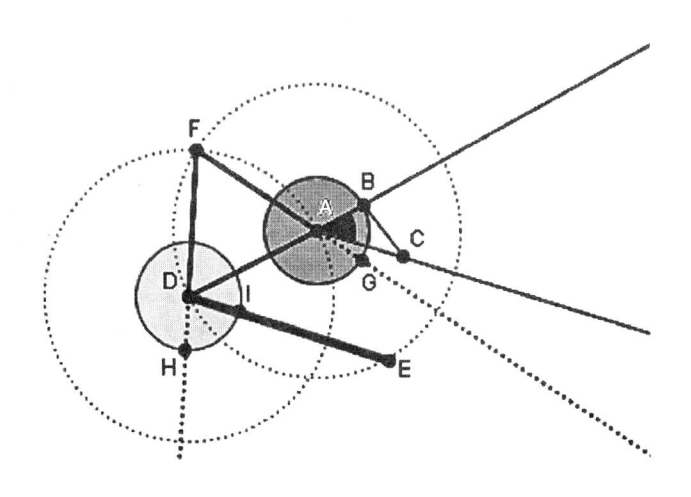

Dessa forma, obteve-se do segmento de reta maior **DF** um segmento igual ao menor **AB**. Ou seja, o segmento de reta **DI** é igual ao segmento de reta **AB**.

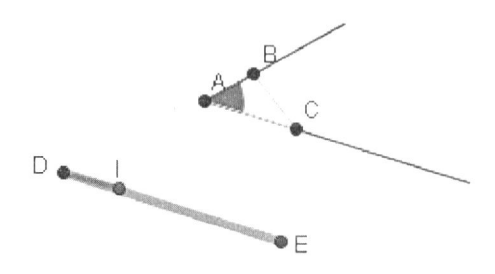

Usando a proposição IV, faz-se uma construção geométrica que permite traçar o segmento **DZ** igual ao segmento de reta **AC**, com uma extremidade coincidindo com o ponto **D**.

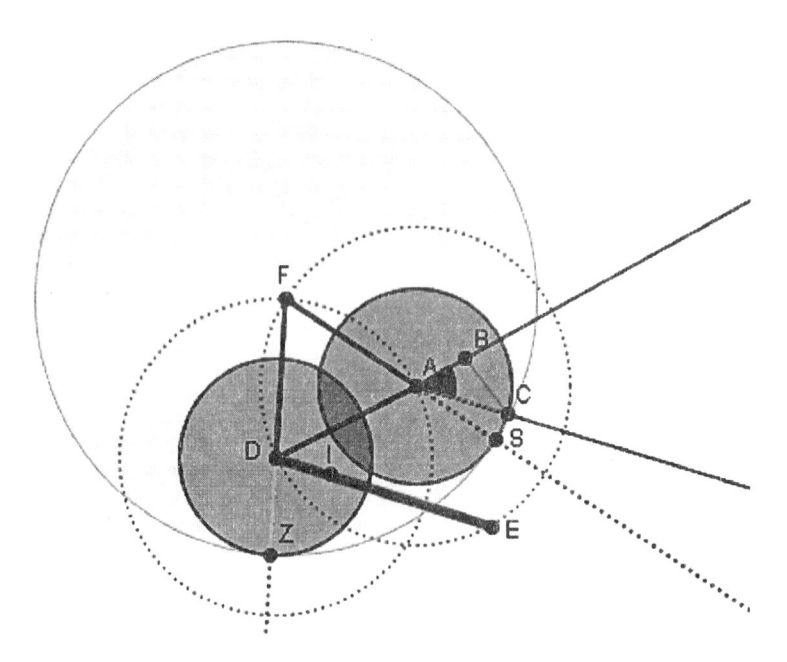

E, assim, dois lados do triângulo **ABC**, os lados **AB** e **AC**, foram obtidos de forma que suas extremidades coincidissem com o ponto **D** do segmento de reta **DE**.

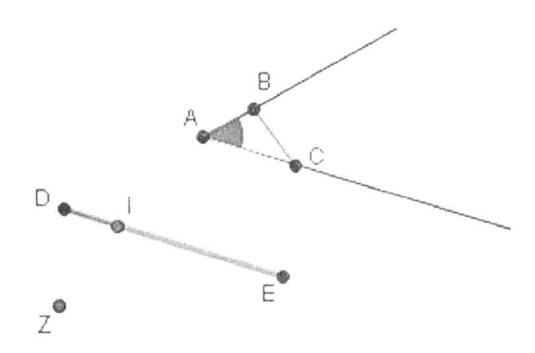

Usando a proposição IV, obtém-se um segmento de reta igual ao segmento **BC** com uma extremidade no ponto **I**, o segmento **IJ**.

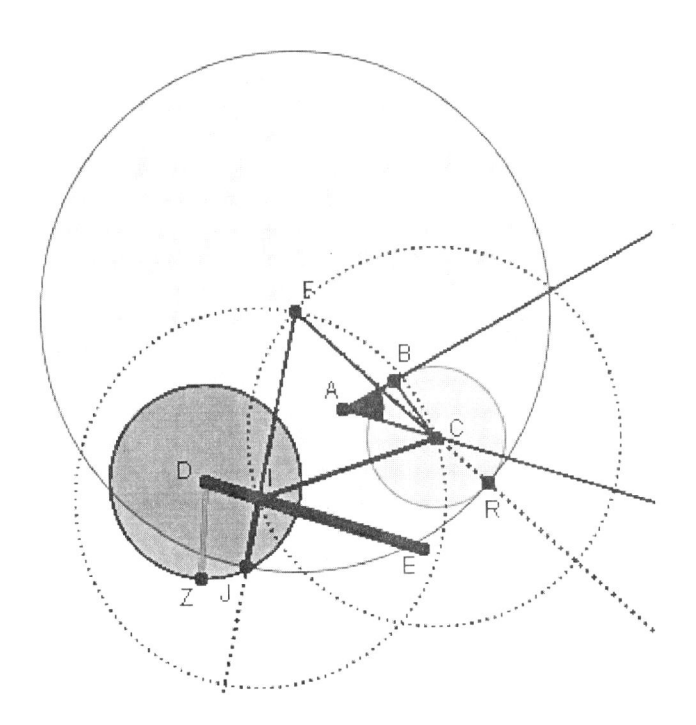

Retirando a construção geométrica propriamente dita, visualiza-se claramente os segmentos **DI** igual a **AB**, **DZ** igual a **AC** e **IJ** igual a **BC**.

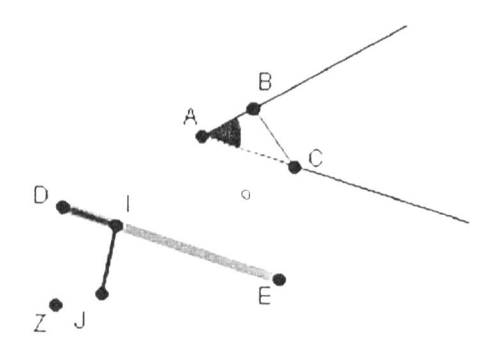

Produza em seguida a circunferência de centro **D** e raio **DZ** e a circunferência de centro **I** e raio **IJ**.

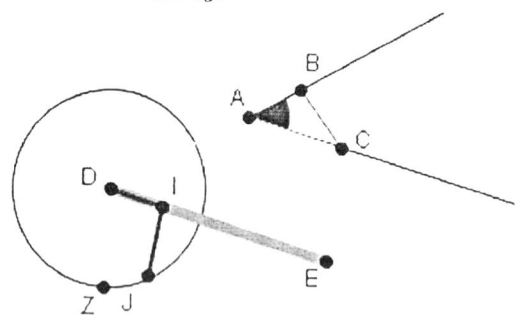

Marque **K** na intersecção entre as circunferências D'e I'.

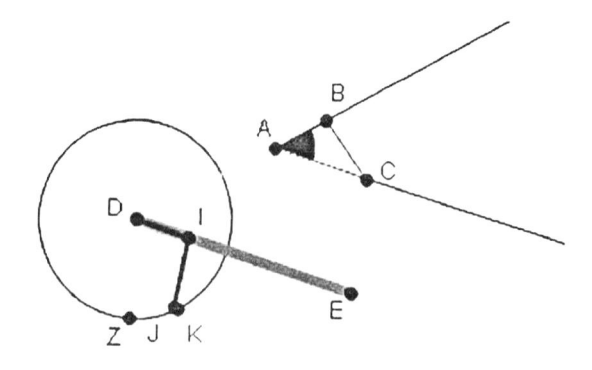

Ligue, em seguida, **DK** e **IK**.

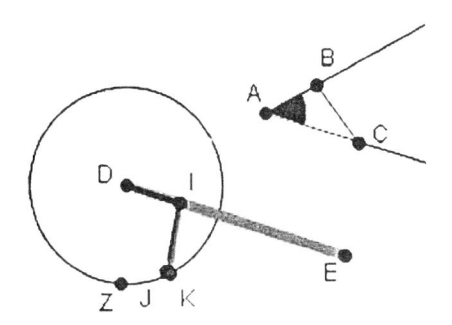

Como **DK** e **DZ** são raios da mesma circunferência **D'**, conseqüentemente, são iguais. Mas, já demonstramos que **DZ** é igual a **AC**, logo **DK** é igual a **AC**. Os segmentos de reta **IK** e **IJ** são iguais, pois são raios da mesma circunferência **I'**. Como já demonstramos que **IJ** é igual a **BC**, então, **IK** é igual a **BC**.

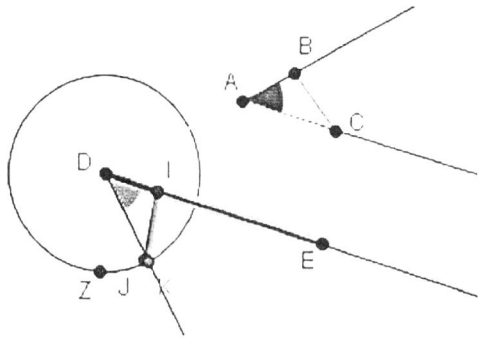

Portanto, os triângulos **ABC** e **DIK** são congruentes pelo caso **LLL** (proposição IX) e, dessa forma, o ângulo **EDK** é igual ao ângulo **BAC**.

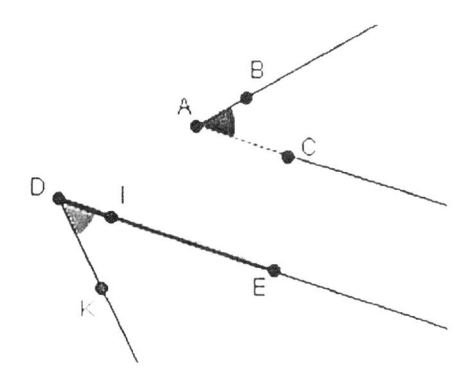

Assim, demonstramos que dado um ângulo retilíneo **BAC** e um segmento de reta **DE**, é possível construir o ângulo **EDK** igual ao ângulo **BAC**. Ficando assim completa a demonstração.

Proposição XIX: se uma linha reta, cortando outras duas linhas retas, fizer os ângulos alternos internos iguais, então, as linhas retas são paralelas entre si.

Seja **EF** uma linha reta que, cortando as duas linhas retas **AB** e **CD**, faz os ângulos alternos internos **AEF** e **EFD** iguais entre si.

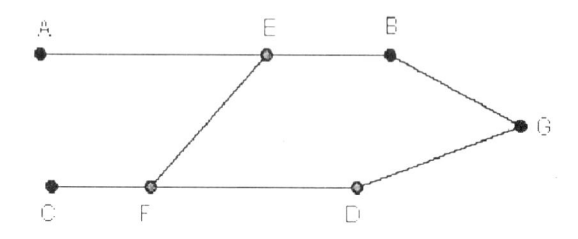

Afirma-se que **AB** é paralela a **CD**.

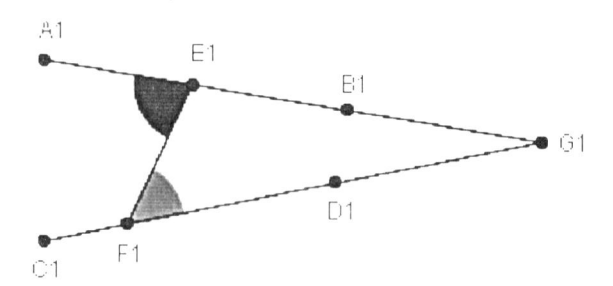

Se não forem paralelas, então, **AB** e **CD**, quando prolongadas, intersectam-se na direção de **B** e **D** ou na direção de **A** e **C**. Sejam elas prolongadas na direção de **B** e **D** e concorrentes em **G**, então, no triângulo GEF, o ângulo externo **AEF** é igual ao ângulo interno e oposto **EFG**, o que é impossível segundo a proposição XVI, já que esta proposição afirma que o ângulo externo de um triângulo é maior do que qualquer um dos dois ângulos internos e opostos.

Então **AB** e **CD**, quando prolongadas, não se intersectam na direção de **B** e **D**. Do mesmo modo, pode-se demonstrar que também não se intersectam na direção de **A** e **C**.

Mas linhas retas que não se intersectam em nenhuma direção são paralelas (definição xix). Logo AB é paralela a **CD**.

<u>Corolário XIX</u>: uma linha reta, cortando outras duas linhas retas paralelas, faz ângulos alternos internos iguais.

<u>Proposição XX:</u> se dois triângulos têm dois ângulos iguais a outros dois, respectivamente, e um lado igual a outro lado, quer estes sejam adjacentes ou opostos à ângulos iguais, então, os outros dois lados dos triângulos são iguais e o outro ângulo é igual ao outro ângulo.

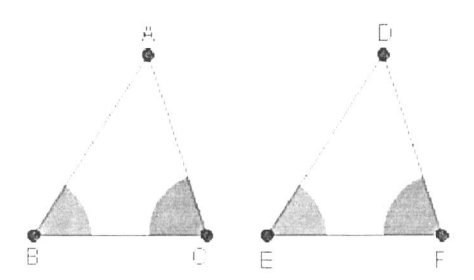

Sejam **ABC** e **DEF** dois triângulos que tenham os dois ângulos **ABC** e **BCA** iguais aos dois ângulos **DEF** e **EFD** respectivamente, isto é, o ângulo **ABC** igual ao ângulo **DEF** e o ângulo **BCA** igual ao ângulo **EFD**, e tenham, também, um lado igual a outro lado e sejam estes lados, em primeiro lugar, adjacentes aos ângulos iguais, isto é, BC igual a EF, afirma-se que os outros lados são iguais aos outros lados respectivamente. Desta forma, **AB** é igual a **DE** e **AC** é igual a **DF** e o outro ângulo é igual ao outro ângulo, isto é, o ângulo **BAC** é igual ao ângulo **EDF**.

Se **AB** não é igual a **DE**, então um deles é maior.

Portanto, suponha por um instante que **AB** seja maior do que **DE** e obtenha de **AB** uma parte **BG** igual à linha reta menor **DE** (proposição V).

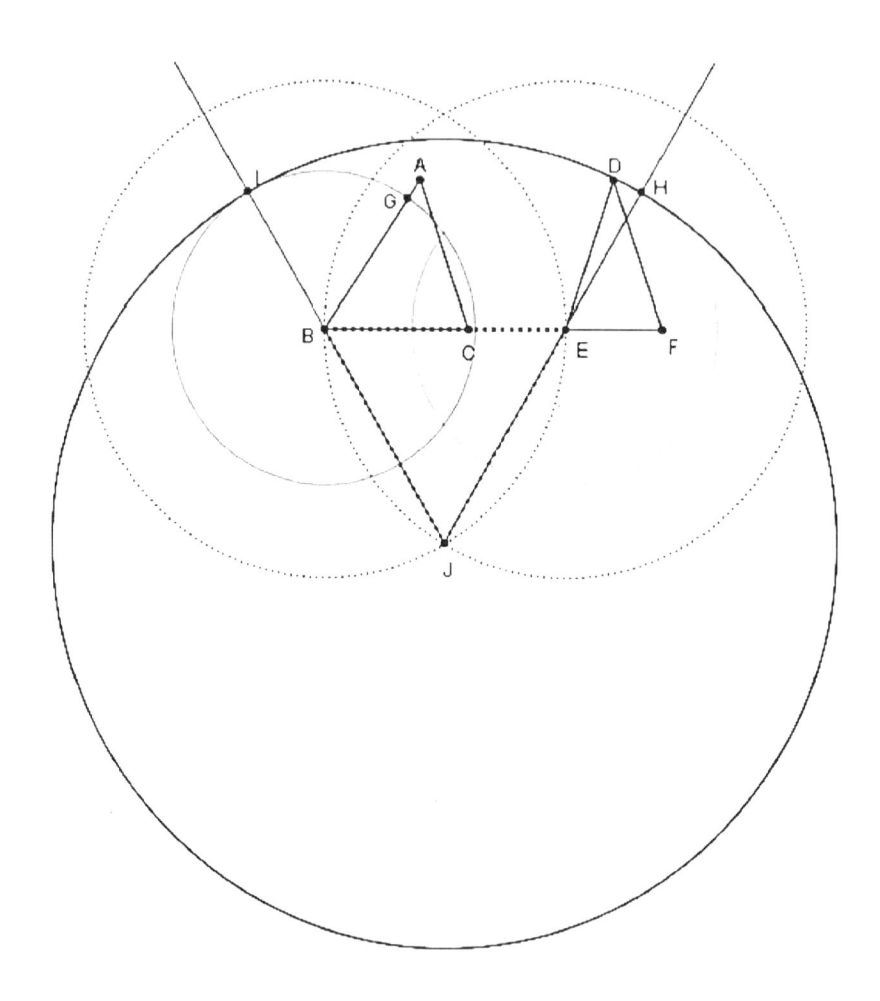

Desenhe **GC**.

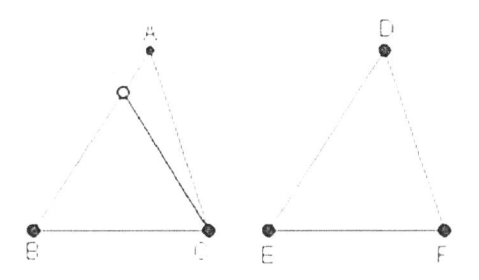

Como **BG** é igual a **DE** e **BC** é igual a **EF**, os dois lados **GB** e **BC** são iguais aos dois lados **DE** e **EF** respectivamente e o ângulo **GBC** é igual ao ângulo **DEF**, logo a base **GC** é igual à base **DF**, o triângulo **GBC** é igual ao triângulo **DEF** e os outros ângulos são iguais aos outros ângulos, isto é, os opostos aos lados iguais. Portanto, o ângulo **GCB** é igual ao ângulo **DFE** (proposição VI). Mas o ângulo **DFE** é igual ao ângulo **ACB**, em hipótese. Logo, o ângulo **BCG** é igual ao ângulo **BCA**, o menor é igual ao maior, o que é impossível. Então, **AB** não é desigual a **DE** e, portanto, é igual. Mas **BC** também é igual a **EF**. Portanto, os dois lados **AB** e **BC** são iguais aos dois lados **DE** e **EF** respectivamente e o ângulo **ABC** é igual ao ângulo **DEF**. Logo, pela proposição VI, os triângulos **ABC** e **DEF** são congruentes. Assim, a base **AC** é igual à base **DF** e o outro ângulo **BAC** é igual ao outro ângulo **EDF**. Ficando completa uma parte da demonstração.

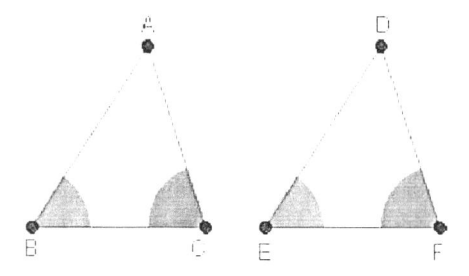

Novamente, tome **ABC** e **DEF**, os dois triângulos que têm os dois ângulos **ABC** e **BCA** iguais aos dois ângulos **DEF** e **EFD** respectivamente, isto é, o ângulo **ABC** igual ao ângulo **DEF** e o ângulo **BCA** igual ao ângulo **EFD**, e tenham também um lado igual a outro lado e sejam agora iguais os lados opostos a ângulos iguais, tal que **AB** seja igual a **DE**. Afirma-se, de novo, que os outros lados são iguais aos outros lados, isto é, **AC** é igual a **DF** e **BC** é igual a **EF** e, além disso, o outro ângulo **BAC** é igual ao outro ângulo **EDF**.

Se **BC** é desigual a **EF**, então um deles é maior. Seja **BC** o maior, se possível, faça **BH** igual a **EF** usando a proposição V

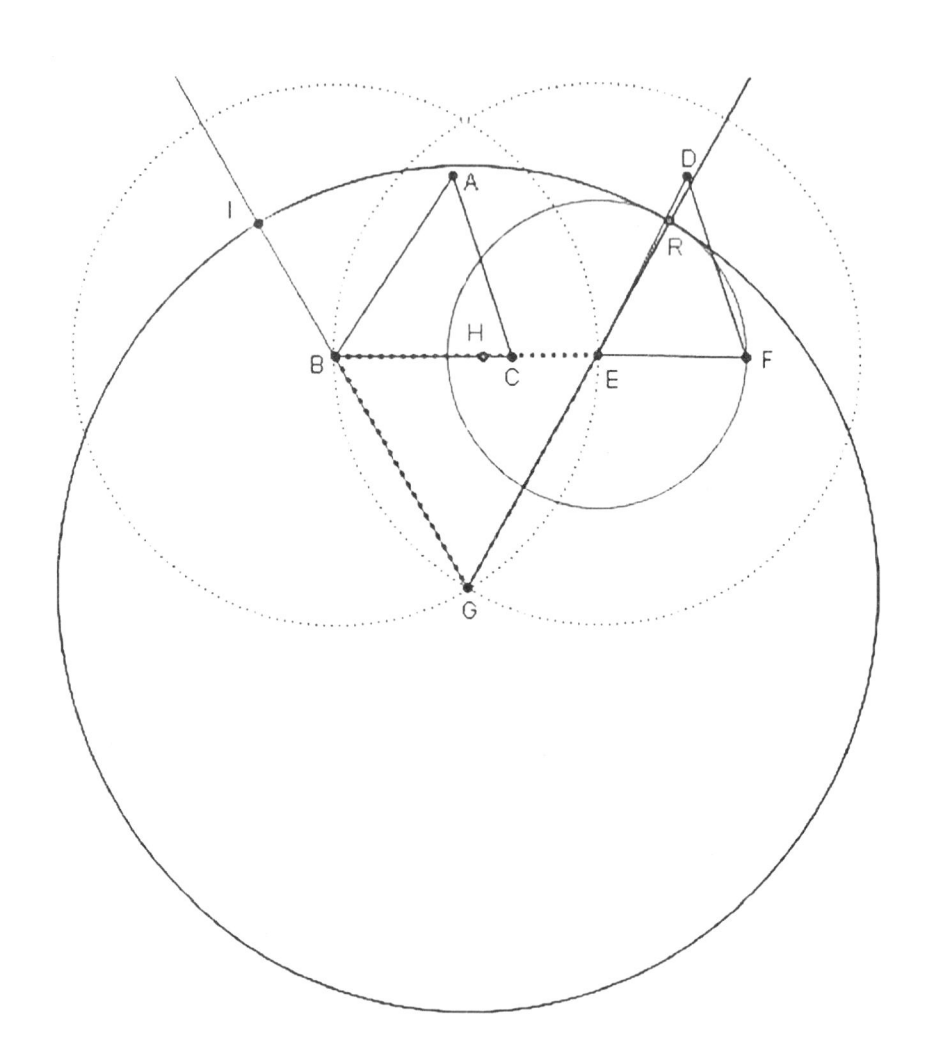

e desenhe **AH**.

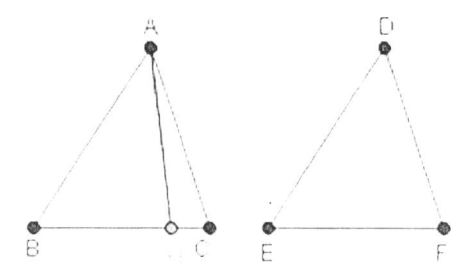

Como **BH** é igual a **EF** e **AB** é igual a **DE**, os dois lados **AB** e **BH** são iguais aos dois lados **DE** e **EF** respectivamente e têm ângulos iguais em hipótese, portanto, de acordo com a proposição VI, os triângulos **ABH** e **DEF** são congruentes, logo, a base **AH** é igual à base **DF**, o triângulo **ABH** é igual ao triângulo **DEF** e os outros ângulos são iguais aos outros ângulos, isto é, os opostos aos lados iguais. Então, o ângulo **BHA** é igual ao ângulo **EFD**. Mas o ângulo **EFD** é igual ao ângulo **BCA**, logo, no triângulo **AHC**, o ângulo externo **BHA** é igual ao ângulo interno oposto **BCA**, o que é impossível pela proposição XVI. Então, **BC** não é desigual a **EF**, logo, é igual. Mas **AB** também é igual a **DE**. Então, os dois lados **AB** e **BC** são iguais aos dois lados **DE** e **EF** respectivamente e têm ângulos iguais. Portanto, a base **AC** é igual à base **DF**, o triângulo **ABC** é igual ao triângulo **DEF** e o outro ângulo **BAC** é igual ao outro ângulo **EDF**. Ficando assim completa a demonstração.

Comentário: esta proposição é a clássica congruência de triângulos pelo caso LAAo (lado, ângulo adjacente ao lado, ângulo oposto) e pelo caso ALA (ângulo, lado entre os ângulos, ângulo). Caso esta proposição fosse enunciada após provar que a soma dos ângulos internos de um triângulo é igual a dois retos e, dessa forma, tendo dois ângulos iguais a dois ângulos, conseqüentemente, o terceiro ângulo do primeiro triângulo também é igual ao terceiro ângulo do outro triângulo. E, dessa forma, estes casos ficariam reduzidos ao caso LAL (proposição VI). No entanto, a prova de que a soma dos ângulos internos de um triângulo é igual a dois retos depende da utilização do postulado 5 das paralelas. E, este postulado é um tanto intrigante, que o próprio Euclides utiliza apenas em última instância. Recentemente, através da negação deste postulado, é que se pôde construir geometrias tão sólidas quanto à Euclidiana, a Geometria Elíptica e a Geometria Hiperbólica.

Proposição XXI: é possível, de um ponto dado, construir uma linha reta paralela a uma linha reta dada.

Seja **A** um ponto e **BC** uma linha reta dada,

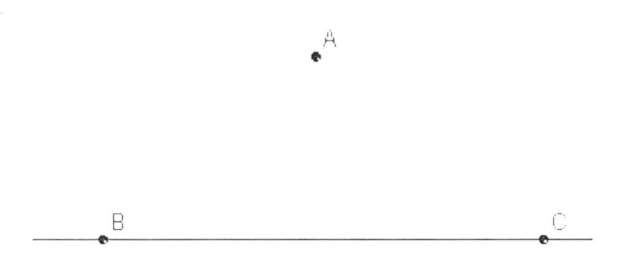

é requerido que se desenhe uma linha reta a partir do ponto **A** e paralela à linha reta **BC**.

Tome um ponto **D** como se queira em **BC** e desenhe **AD**.

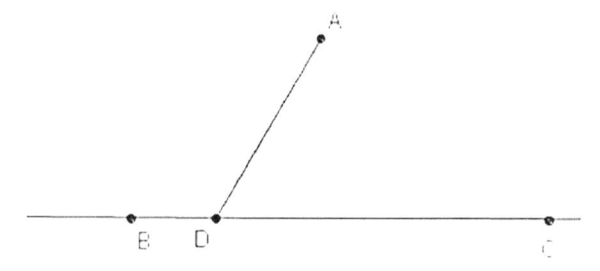

Construa um triângulo eqüilátero sobre **AD** (proposição III).

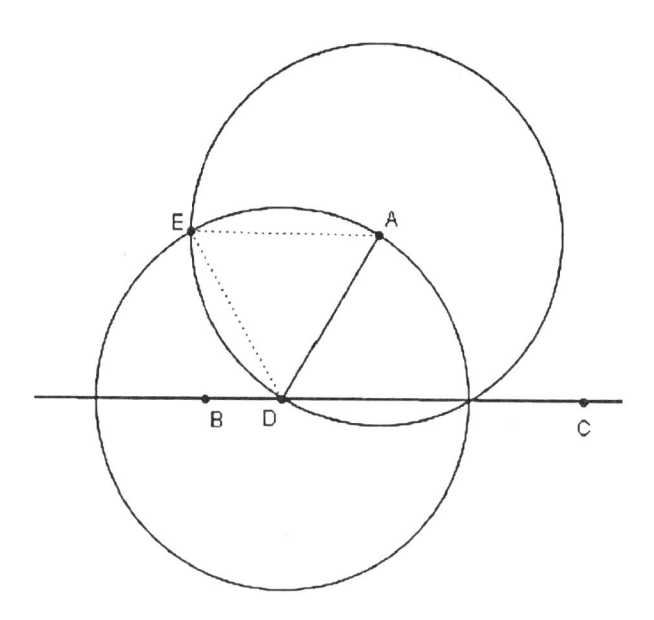

Observe que as circunferências **A'** e **B'** possuem o mesmo raio **AD**. No entanto, **EA** é raio da circunferência **A'** e **ED** é raio da circunferência **D'**. Conseqüentemente, o triângulo **EAD** é eqüilátero.

Bissecte o ângulo **DEA** conforme proposição X.

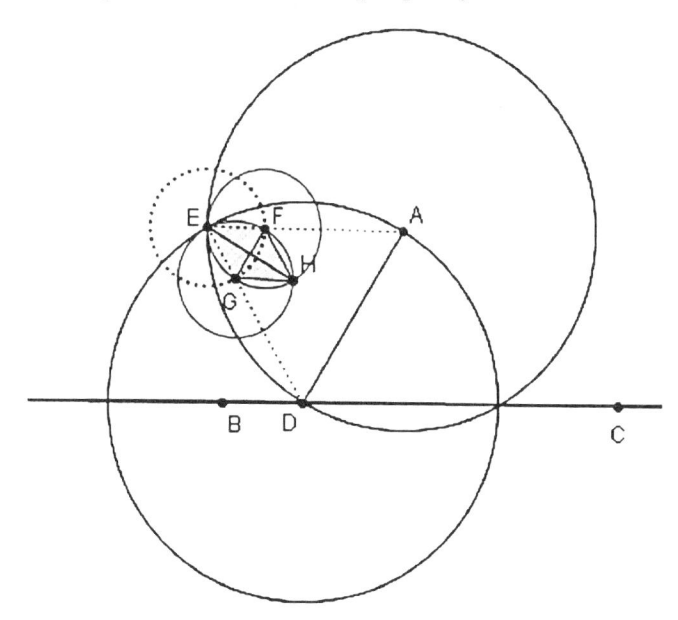

Observe que **EF** é igual a **EG**, pois são raios da mesma circunferência. As circunferência **F'** e **G'** são iguais, pois foram desenhadas no mesmo raio **EG** e, portanto, sendo **FH** raio da circunferência **F'** e **GH** raio da circunferência **G'**, **GH** e **FH** são iguais. Portanto, os triângulos **EHG** e **EHF** são iguais pelo caso **LLL** (proposição IX). E, dessa forma, os ângulos **HEF** e **HEG** são iguais, portanto o ângulo **DEA** foi bisseccionado.

Prolongue o segmento de reta **EH** na direção de **H** e marque o ponto **I** na intersecção deste com **AD**.

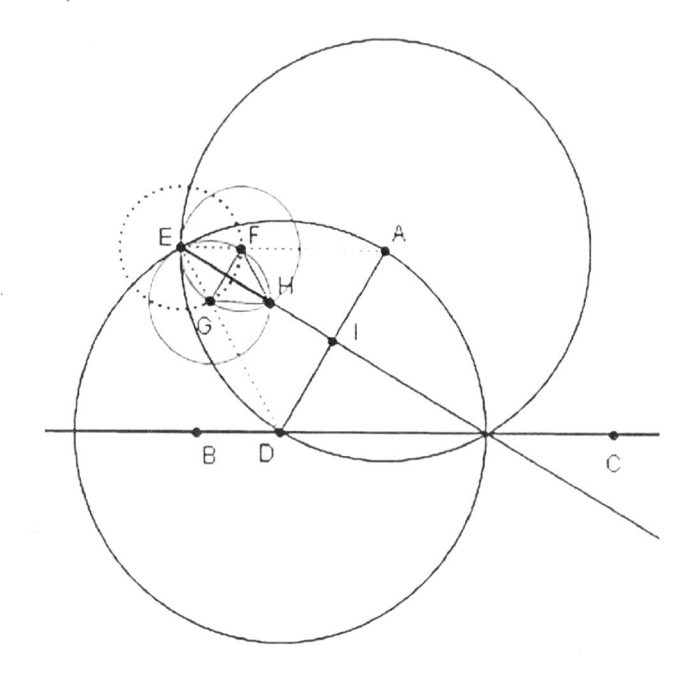

Observe que os triângulos **EAI** e **EDI** são congruentes pelo caso **LAL** (proposição VI), já que **EI** é lado comum, **ED** e **EA** são iguais, conforme já demonstrado, e que os ângulos **HEF** e **HEG** são iguais, da mesma forma. Sendo assim, **DI** é também igual a **IA**.

Marque agora o ponto **J** sobre **BC** não coincidindo com **D**. Faça a circunferência de centro **I** e raio **IJ**. Prolongue **IJ** na direção de **I**, obtendo o diâmetro da circunferência **JL**.

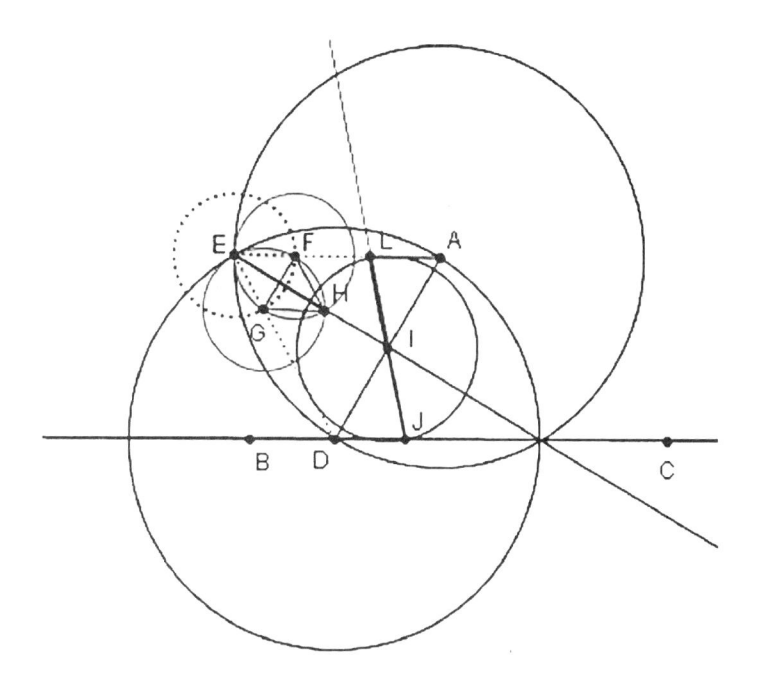

Como os segmentos de reta **IJ** e **IL** são raios da mesma circunferência **I'**, são iguais. **DI** e **IA**, já foi demonstrado que são iguais. Os ângulos **DIJ** e **LIA** são iguais pois são opostos pelo vértice (proposição XV) e, dessa forma, pelo caso **LAL** (proposição VI), os triângulos **ILA** e **IDJ** são congruentes e, conseqüentemente, os ângulos **ADJ** e **DAL** são iguais.

Portanto, se traçarmos uma linha reta que passa por **A** e por **L**, os ângulos alternos internos **ADJ** e **DAL** que são iguais e, pela proposição XIX, a reta que passa por **LA** será paralela com **BC**. Ficando completa a demonstração.

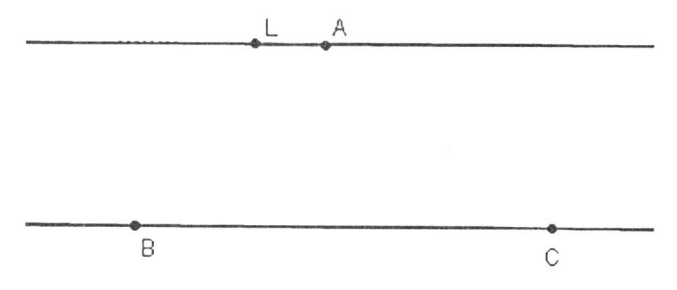

Comentário: a proposição 31 do primeiro livro dos Elementos de Euclides demonstra essa proposição, construindo um ângulo igual ao ângulo **ADC** (conforme foi aqui demonstrado, na proposição XVIII). Ocorre que a construção deste texto baseado na bissecção de **DA** e na obtenção de ângulos opostos pelo vértice é muito mais simples, sendo possível sua completa construção.

Proposição XXII: uma linha reta que corta duas linhas retas paralelas faz os ângulos alternos internos iguais entre si, o ângulo externo igual ao ângulo interno oposto (ângulos correspondentes) e a soma dos ângulos internos do mesmo lado (colaterais internos) igual a dois ângulos retos.

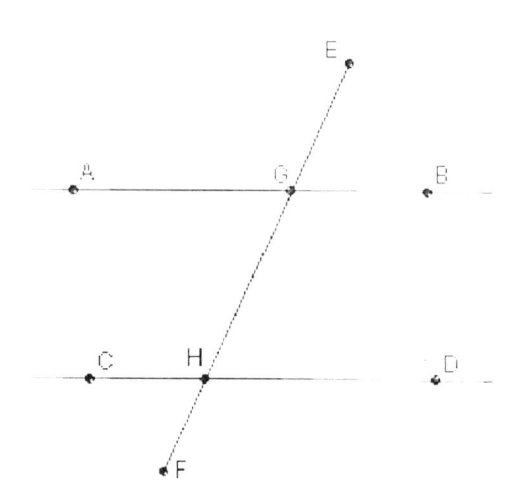

Seja **EF** uma linha reta que corta as duas linhas retas paralelas **AB** e **CD**.

Digo que **EF** faz os ângulos alternos internos **AGH** e **GHD** iguais, o ângulo externo **EGB** igual ao ângulo interno oposto **GHD** (correspondentes), e a soma dos ângulos internos do mesmo lado (colaterais internos), isto é, **BGH** e **GHD**, igual a dois ângulos retos.

Se o ângulo **AGH** não é igual ao ângulo **GHD**, então um deles é maior. Seja o ângulo **AGH** o maior, adicione o ângulo **BGH** a cada um. Então, a soma dos ângulos **AGH** e **BGH** é maior que a soma dos ângulos **BGH** e **GHD**. Mas, a soma dos ângulos **AGH** e **BGH** é igual a dois ângulos retos (proposição XIV). Portanto, a soma dos ângulos **BGH** e **GHD** é menor que dois ângulos retos.

Mas linhas retas produzidas indefinidamente e que fazem ângulos menores que dois ângulos retos concorrem. Logo, **AB** e **CD**, se prolongadas indefinidamente, concorrem (postulado 5). Mas elas não concorrem porque são, em hipótese, paralelas. Assim, o ângulo **AGH** não é desigual ao ângulo **GHD**, logo é igual.

O ângulo **AGH** é igual ao ângulo **EGB** pois são opostos pelo vértice (proposição XV). Logo, o ângulo **EGB** também é igual ao ângulo **GHD**.

Adicione o ângulo **BGH** a cada um deles. Então, a soma dos ângulos **EGB** e **BGH** é igual à soma dos ângulos **BGH** e **GHD**. Mas, a soma dos ângulos **EGB** e **BGH** é igual a dois ângulos retos. Portanto, a soma dos ângulos **BGH** e **GHD** também é igual a dois ângulos retos. Ficando, portanto, provada a proposição.

<u>Proposição XXIII</u>: linhas retas que unem as extremidades de duas linhas retas iguais e paralelas na mesma direção são iguais e paralelas.

Tome uma linha reta **AB** e um ponto **C**.

Construa, conforme a proposição IV, uma linha reta **CD** igual à linha reta **BC**.

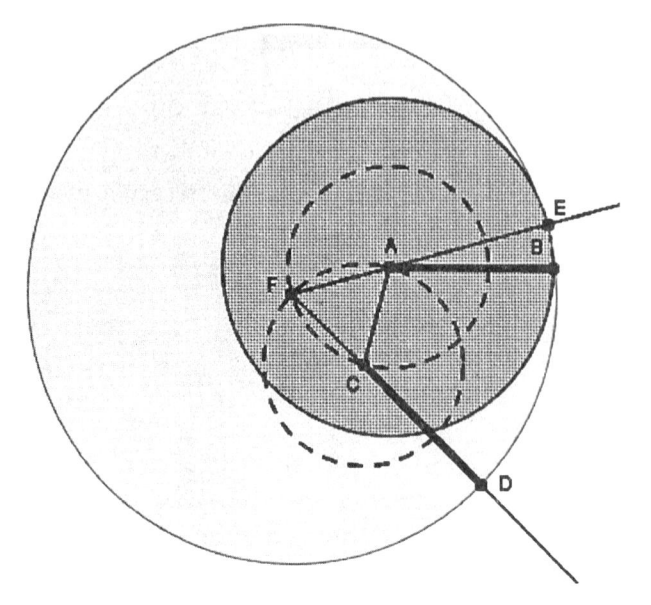

Prolongue **AB** na direção de **A** até o ponto **M** e construa no ponto **C** um ângulo igual ao ângulo **CAM**.

Para isto devemos, inicialmente, construir o segmento **CJ** igual ao lado **AG** do triângulo **AGC**.

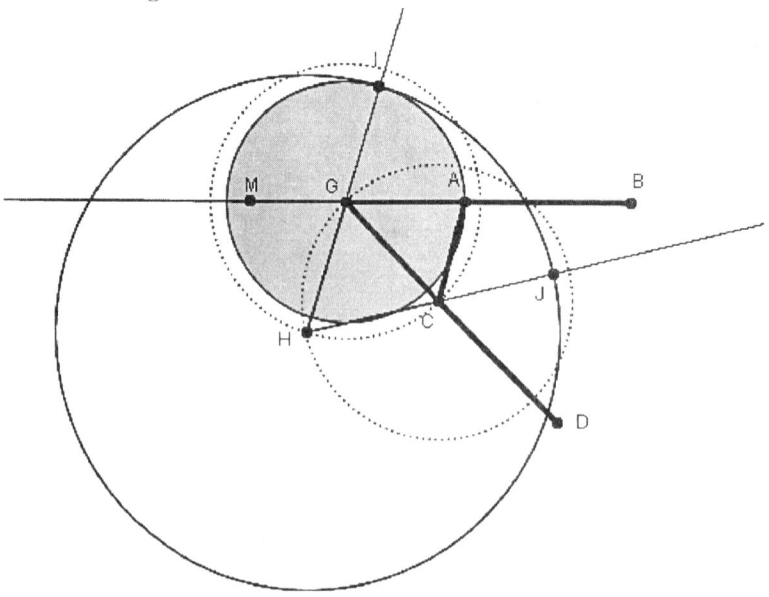

Na construção geométrica acima, o triângulo **GHC** é eqüilátero, pois **C'** e **G'** são circunferências de mesmo raio **GC** (proposição III). **HJ** e **HI** são iguais pois são raios da mesma circunferência de centro **H**. Mas **GI** e **GA** também são iguais, por serem raios da circunferência de centro **G**. Portanto, **CJ** é igual a **GI** e, conseqüentemente, **CJ** é igual a **GA** (iv). Tomando apenas o segmento **AB**, o triângulo **GAC**, o segmento de reta **CD** e o ponto **J**,

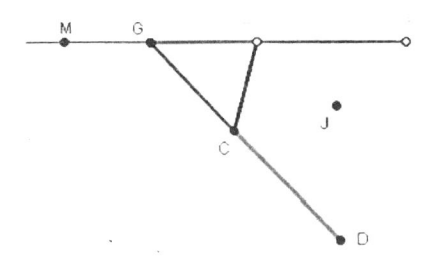

construa, agora, o segmento **NA** igual a **GC**. Para isto, faça a circunferência de centro **G** e raio **AG** a circunferência de centro **A** e raio **GA**. Marcando **K** na intersecção destas circunferências, o triângulo **GKA** é eqüilátero. Prolongue os lados **KG** e **KA** e trace a circunferência de centro **G** e raio **GC**.

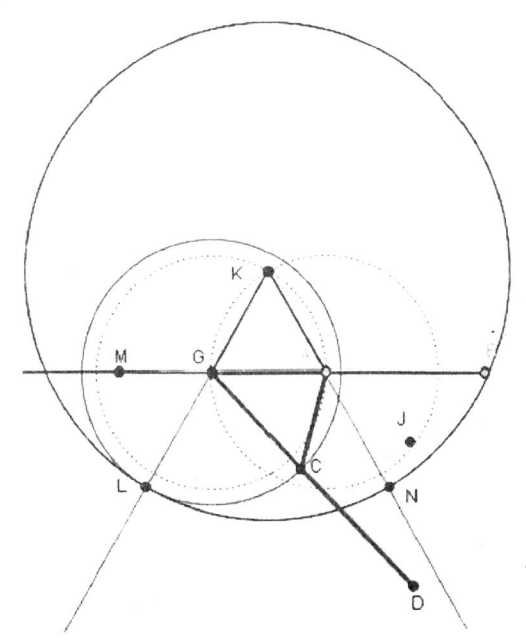

Como **KL** e **KN** são raios da mesma circunferência, de centro **K**, são, portanto, iguais. Mas já demonstramos que **KG** e **KA** são iguais, então **GL** e **NA** também são iguais. Mas, **GC** é igual a **GL**, pois são raios da circunferência de centro **G** e, dessa forma, (i) **GC** é igual a **AN**.

Tome agora apenas o segmento de reta **AB**, o triângulo **GAC**, o segmento de reta **CD**, o ponto **J** e o ponto **N**.

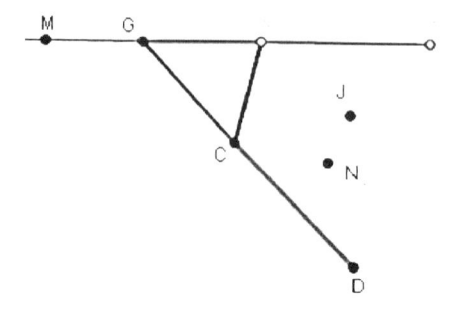

Trace a circunferência de centro **A** e raio **AN** e a circunferência de centro **C** e raio **CJ**. Na interseção destas circunferências marque o ponto **O**. Os lados **AO** e **CO** do triângulo **CAO** são, respectivamente, iguais a **AN** e **CJ**. Assim, **AO** é igual a **AN** (ii) e **CO** é igual a **CJ** (v).

Traçando a circunferência de centro **C** e raio **AD** e prolongando, em seguida, **CO** na direção a **O**, a intersecção do prolongamento de **CO** com a circunferência de centro **C** e raio **CD** (o ponto **P**) forma o segmento **CP** igual a **CD**, embora já tenha sido demonstrado que **CD** é igual **AB** e, portanto, **AB** é igual a **CP** (vi).

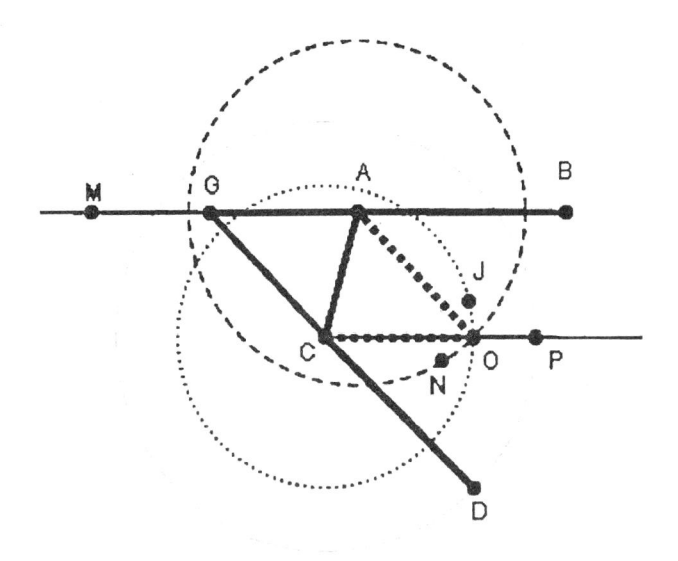

O triângulo **CAO** é igual ao triângulo **GAC** pois **CA** é lado comum; **GA** e **AO** são iguais pois, de acordo com (i) **GC** e **AN** são iguais e, também, de acordo com (ii) **AN** e **AO** são iguais; finalmente, **GA** é igual a **AO** pois **GA** é igual a **CJ** conforme (iv) e, de acordo com (v), **CJ** é igual a **CO**. Assim, pelo caso **LLL** (proposição IX), os triângulos **CAO** e **GAC** são iguais e, portanto, o ângulo **ACO** é igual ao ângulo **GAC**. Dessa forma, conforme a proposição XIX, as linhas retas **AB** e **CP** são paralelas.

Ainda, conforme (vi), **AB** é igual a **CP**, assim **AB** e **CP** são linhas retas iguais e paralelas. As linhas retas **AC** e **BP** que unem, na mesma direção, as extremidades das linhas retas **AB** e **CP** também são iguais e paralelas, conforme demonstraremos abaixo.

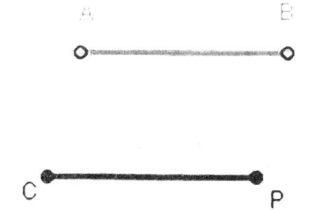

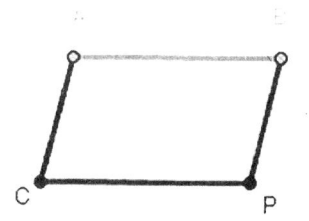

Sejam **AB** e **CP** iguais e paralelas e as linhas retas **AC** e **BP** que unem as suas extremidades na mesma direção, afirma-se que **AC** e **BP** também são iguais e paralelas.

Desenhe **BC**.

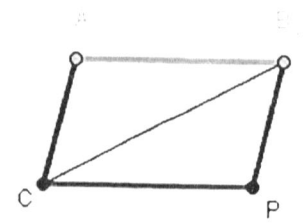

Como **AB** é paralela a **CP** e **BC** corta ambas, então os ângulos alternos internos **ABC** e **BCP** são iguais entre si (proposição XXI). Como **AB** é igual a **CP** e **BC** é comum, os dois lados **AB** e **BC** são iguais aos dois lados **PC** e **CB** e o ângulo **ABC** é igual ao ângulo **BCP**, então, a base **AC** é igual à base **BP**, o triângulo **ABC** é igual ao triângulo **PCB** e os outros ângulos são iguais aos outros ângulos, respectivamente, isto é, ângulos opostos a lados iguais. Portanto, o ângulo **ACB** é igual ao ângulo **CBP** (proposição VI).

Como a linha reta **BC** corta as duas linhas retas **AC** e **BP** e faz os ângulos alternos internos iguais entre si, então **AC** é paralela a **BP** (proposição XXII). Também foi demonstrado que eram iguais. Ficando assim completa a demonstração em que linhas retas que unem as extremidades de duas linhas retas iguais e paralelas na mesma direção são iguais e paralelas.

Proposição XXIV: os lados opostos de um paralelogramo são iguais.

Tome um paralelogramo **ABDC**.

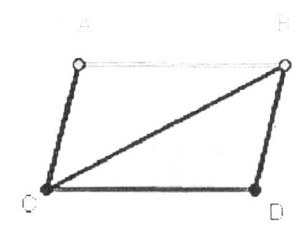

Pela definição xiv, os lados **AB** e **CD** são paralelos e, também, os lados **AC** e **BD** são paralelos. Considerando os triângulos **ABC** e **BDC**, o lado **BC** é comum, logo, é igual nos dois triângulos. Os ângulos **ABC** e **DCB** são iguais, pois são alternos internos (proposição XXII). Os ângulos **ACB** e **DBC** são iguais, pois são alternos internos (proposição XXII). Dessa forma, os triângulos **ABC** e **BDC** são congruentes (proposição XX). Sendo assim, **AC** é igual a **BD** e **AB** é igual **CD**, conforme queríamos demonstrar.

Proposição XXV: em áreas paralelogrâmicas, os lados e os ângulos opostos são iguais entre si e a diagonal bissecta à área.

Seja **ACDB** uma área paralelogrâmica e **BC** a sua diagonal,

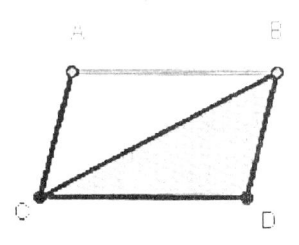

afirma-se que os lados e os ângulos opostos do paralelogramo **ACDB** são iguais entre si e é bisseccionado pela diagonal **BC**.

Conforme proposição XXIV, **AB** e **CD** são iguais, bem como, **AC** é igual a **BD**. Também, **AB** é paralela com **CD** e a reta **AC** é paralela com **BD** (definição xiv). Como a diagonal **BC** intersecta as paralelas **AB** e **CD**, então o ângulo **ABC** é igual ao ângulo **DCB** e o **ACB** é igual ao **DBC** (proposição XXII). Mas, o ângulo **ACD** é a soma de **ACB** com **DCB**, enquanto o ângulo **ABD** é a soma dos ângulos **ABC** e **CBD**. Pelo axioma 2, quando iguais forem somados a iguais, todos são iguais e, dessa forma, o ângulo **ACD** será igual ao ângulo oposto **ABD**. Da mesma forma se provaria que o ângulo **CAB** é igual ao ângulo oposto **BDC**. Ficando provada a primeira parte da proposição.

Sendo **BC** o lado comum dos triângulos **ABC** e **BDC**, como já foi demonstrado acima, o ângulo **ABC** é igual ao ângulo **DCB** e o ângulo **ACB** é igual ao **DBC**. Então, pelo caso **LAL** (proposição XX), os triângulos **ABC** e **DCB** são congruentes, logo, a diagonal **BC** bissecta a área paralelogrâmica **ABDC**. Ficando assim completa a demonstração.

Proposição XXVI: é possível que três linhas retas finitas quaisquer possam ser ajustadas de forma que constituam uma linha reta que seja igual a soma das três linhas retas dadas; é, também, possível construir um triângulo a partir de três linhas retas que são iguais a três linhas retas dadas, sendo necessário que a soma de duas das linhas retas seja maior do que a linha restante.

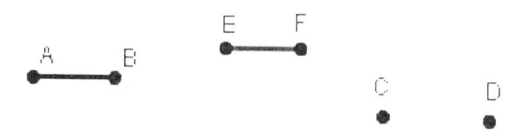

Sejam **AB**, **CD** e **EF** três segmentos de reta, afirma-se, primeiramente, que é possível sobrepô-las a uma semi-reta infinita, com início em **G** e passando por **H**. Afirmamos, também, que se a soma de duas quaisquer for maior do que a terceira, então, é possível construir um triângulo com as medidas iguais a **AB**, **EF** e **CD**.

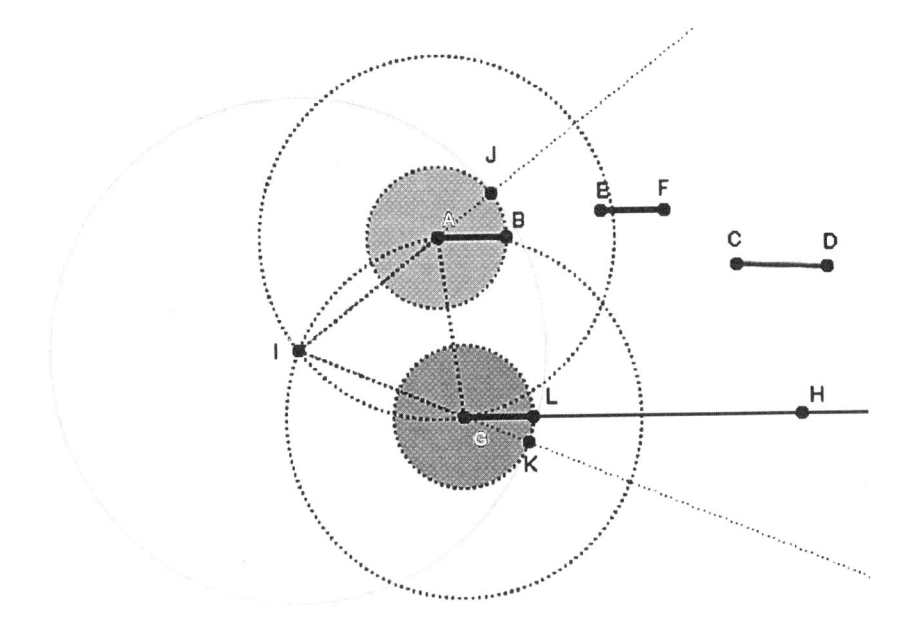

De acordo com a mesma proposição, desenhe **LQ** igual a **EF**:

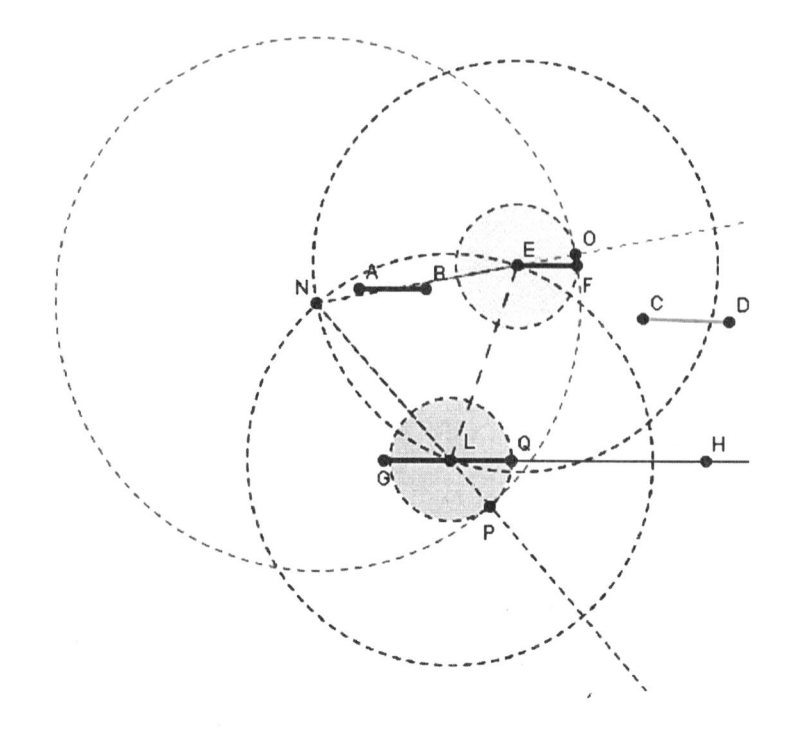

Finalmente, usando também a proposição V, construa **QU** igual a **CD**:

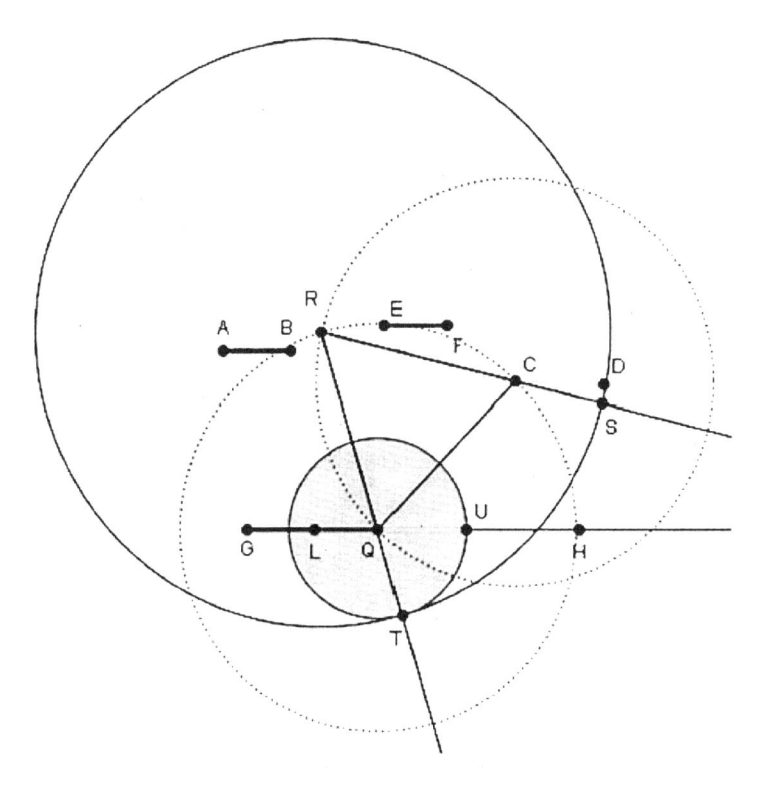

Ficando assim demonstrada a primeira parte da proposição em que **GL** é igual **AB**, **LQ** a **EF** e **QU** a **CD** e, portanto, o segmento **GU** é igual à soma de **AB**, **EF** e **CD**.

Para demonstrar a segunda parte, tome- **GL** igual **AB**, **LQ** igual **EF** e **QU** igual a **CD**, obtidos na primeira parte desta demonstração, e descreva a circunferência de centro **L** e raio **GL**. Novamente, descreva a circunferência de centro **Q** e raio **QU** e desenhe **LV** e **QV**.

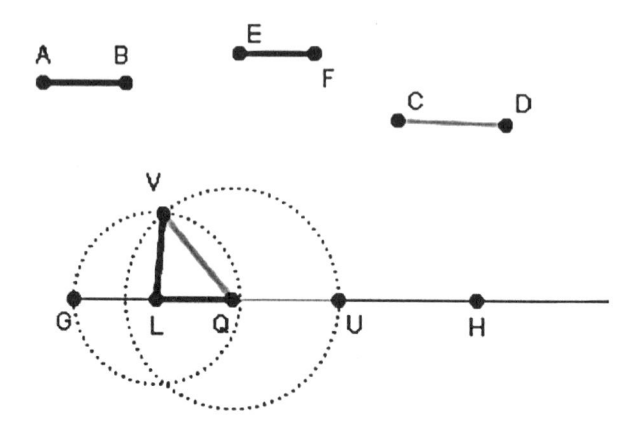

Afirma-se que o triângulo **LVQ** tem os lados iguais a **AB**, **EF** e **CD**.

Como **GL** e **LV** são raios da mesma circunferência **L'**, então, são iguais (definição xi). Mas já foi demonstrado que **GL** é igual a **AB**, portanto, **LV** é igual a **AB**. Da mesma forma, já foi demonstrado que **LQ** é igual a **EF**. O lado **QV** é raio da circunferência de centro **Q** e raio **QU**, portanto, **QV** é igual a **QU**. Como já foi demonstrado na primeira parte desta proposição, **QU** e **CD** são iguais, conseqüentemente, **QV** e **CD** são iguais. Ficando assim completa a demonstração.

Proposição XXVII: descrever um quadrado sobre uma linha reta usando apenas régua não graduada e compasso.

Tome um segmento de reta **AB**.

Prolongue **AB** e marque o ponto **C** no prolongamento de **AB** no sentido de **A**.

Descreva a circunferência de centro A e raio AC e marque D no ponto de intersecção do segmento AB com a circunferência A'. Desta forma, CA é igual a AD pois são raios da mesma circunferência A'. Descreva, também, a circunferência de centro C e raio CD e a circunferência de centro D e raio DC. Em seguida, marque o ponto E na intersecção das circunferências D' e C'(sendo C' a circunferência de centro C e raio CD) e construa o triângulo CDE. Trace o segmento AE e prolongue o mesmo no sentido de E.

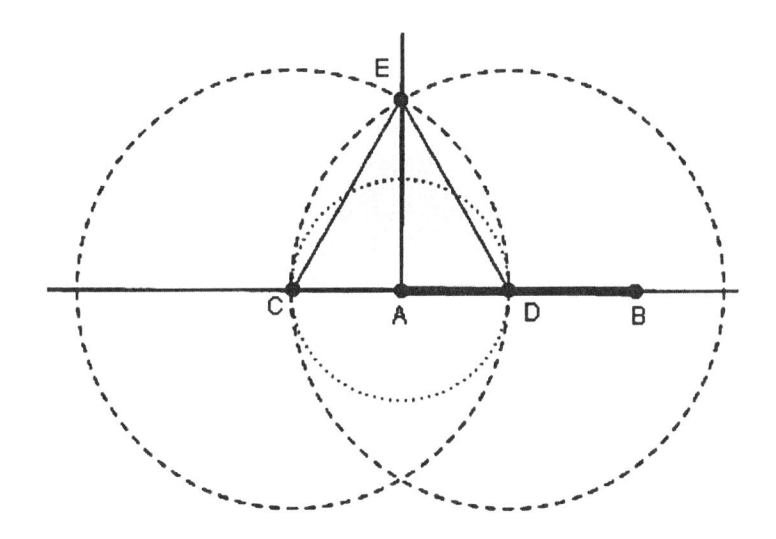

Como CE e DE são raios de circunferências desenhadas sobre o mesmo raio CD, CE, DE e CD são iguais. Portanto, o triângulo CDE é eqüilátero. Como EA é lado comum dos triângulos CEA e DAE e já foi mostrado que CD e DE são iguais e que CA e AD também o são, os triângulos CEA e DAE são congruentes pelo caso LLL (Proposição IX). Portanto, os ângulos CAE e DAE são iguais e, pela definição xvi, CAE e DAE são ângulos retos e a linha reta que parte em A e passa por E é perpendicular a AB.

A fim de construir uma linha reta perpendicular a AB e que passe no ponto B, vamos repetir o processo feito no ponto A sobre o ponto B.

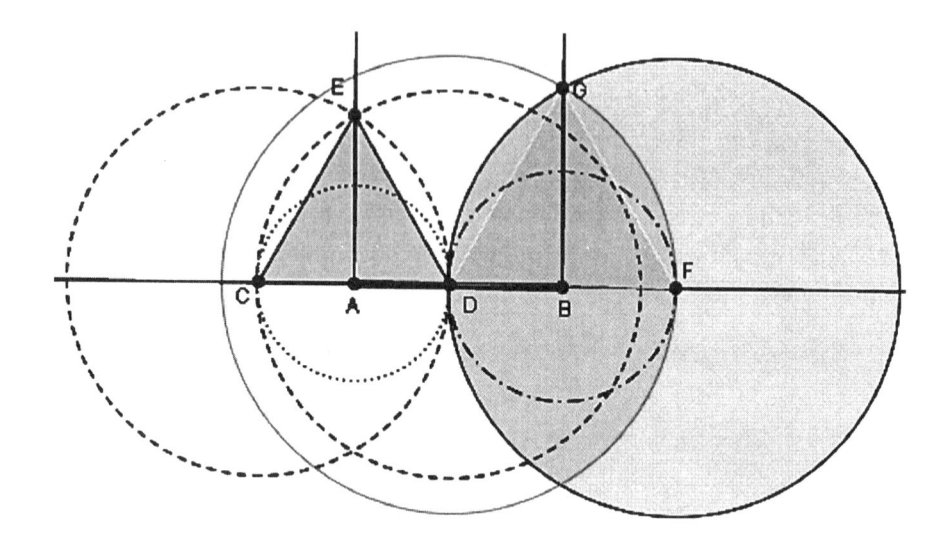

Neste caso, usou-se o ponto D sobre AB, traçou-se a circunferência de centro D e raio DB e marcou-se o ponto F na intersecção dessa circunferência com o prolongamento de AB no sentido de B. Dessa forma, DE e BF são iguais. Traçaram-se as circunferências de centro F e raio DF e de centro D e raio DF, sendo, portanto, circunferências iguais. Marcou-se o ponto G na intersecção destas circunferências no mesmo lado do ponto E. Traçaram-se os segmentos FG e DG, que são iguais, por serem raios das duas circunferências D' e F', as quais, como já foram mostradas, são iguais. Também os lados DB e BF, dos triângulos DGB e BGF, são iguais por serem raios da mesma circunferência B' e, como BG é lado comum, estes triângulos são congruentes pelo caso LLL (Proposição IX). Assim, os ângulos DBG e FBG são iguais e, pela definição xvi, são retos. Dessa forma, BG também é perpendicular a AB.

Descreva a circunferência de centro A e raio AB e a circunferência de centro B e raio AB. Marque o ponto H na intersecção de A' com a reta que parte em A e passa por E e o ponto I na intersecção de B' com a reta que parte em B e passa por G. Dessa forma, AH, AB e BI são iguais pois são raios de circunferências iguais, as circunferências A'e B'. Ligue, em linha reta, H com I.

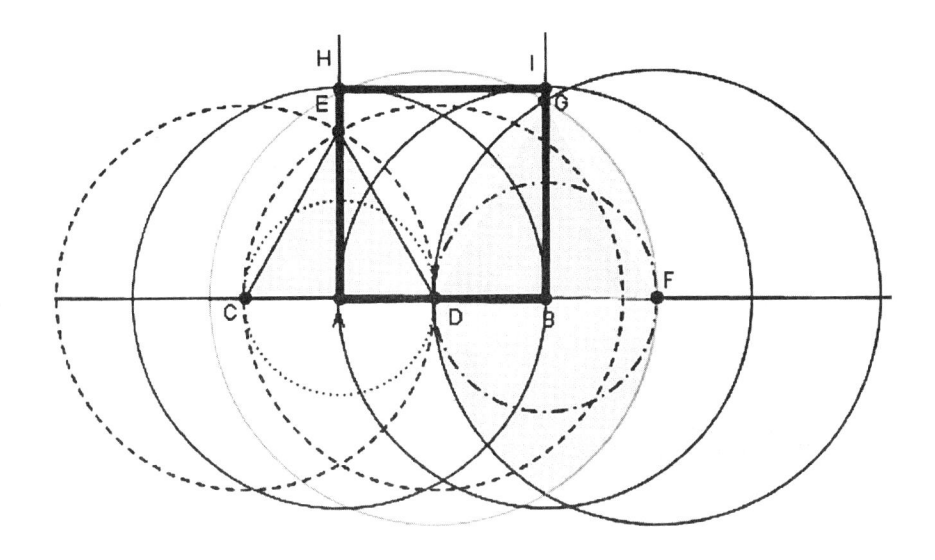

Traçando-se a diagonal **HB**, provaremos que **ABIH** é um quadrado.

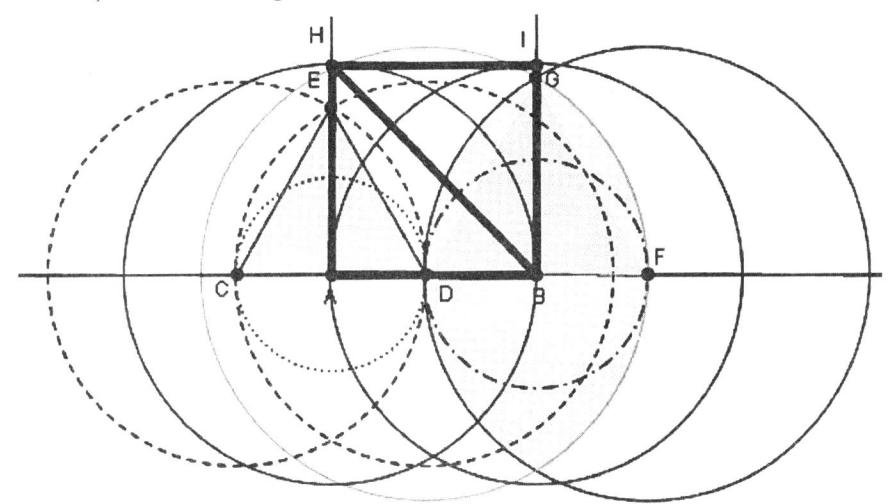

HB é lado comum dos triângulos HAB e BIH e IG é igual a HA, conforme já foi demonstrado. Também, as retas BI e AH são paralelas já que a soma dos ângulos internos do mesmo lado HAB e IBA não é maior que dois retos e nem menor e, pelo postulado 5, duas retas prolongadas indefinidamente encontrar-se-ão em um ponto no lado em que a soma dos ângulos internos do mesmo lado for menor do que dois retos. Como IB e HA se prolongam no sentido de B e A, respectivamente, formam ângulos cuja soma é igual a dois retos (proposição XIV); como já foi demonstrado que o primeiro ângulo é reto, conseqüentemente, o outro também é. Dessa forma, as retas BI e AH são paralelas e, portanto, os ângulos AHB e GBH são iguais pois são alternos internos de retas paralelas (corolário XIX).

Os triângulos HAB e BIH são congruentes pelo caso LAL (proposição VI) e, dessa forma, HI é igual a AB. Mas já foi demonstrado que AB, HA e IB são iguais, conseqüentemente, os quatro lados do quadrilátero ABIH são iguais.

Também, HI e AB são retas paralelas pois, pela proposição XXIII, linhas retas que unem as extremidades de duas linhas retas iguais e paralelas na mesma direção são iguais e paralelas. Dessa forma, o quadrilátero ABIH é, também, paralelogramo e, pela proposição XXV, os ângulos opostos HAB e BIH e também ABI e IHA são iguais; como HAB e ABI são retos, os quatro ângulos são retos.

Assim, provamos que os quatros lados do quadrilátero ABIH são iguais e que seus ângulos internos são retos e, dessa forma, segundo a definição xiv, ABIH é um quadrado, ficando assim completa a demonstração.

Proposição XXVIII: se em alguma linha reta e num ponto desta houver duas linhas retas que não estão do mesmo lado e cuja soma dos ângulos adjacentes é igual a dois ângulos retos, então, as duas linhas retas estão contidas numa única linha reta.

Demonstração:

Sejam **BC** e **BD** duas linhas retas, que não estão no mesmo lado, que fazem com qualquer linha reta **AB** a soma dos ângulos adjacentes **ABC** e **ABD** igual a dois ângulos retos, afirma-se que **BD** está em linha reta com **CB**.

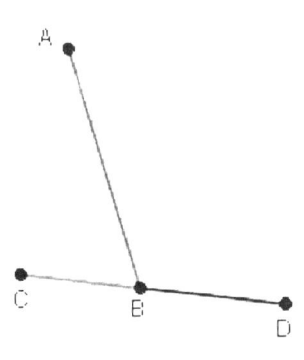

Se **BD** não estiver em linha reta com **BC**, então, prolongue **BE** em linha reta com **CB** (post. 2).

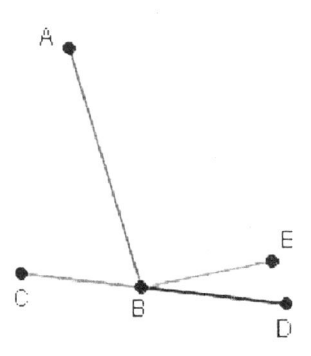

Como a linha reta **AB** está sobre a linha reta **CBE**, então, a soma dos ângulos **ABC** e **ABE** é igual a dois ângulos retos (proposição XIV). Mas, a soma dos ângulos **ABC** e **ABD** também é igual a dois ângulos retos, logo, a soma dos ângulos **CBA** e **ABE** é igual à soma dos ângulos **CBA** e **ABD**, pois todos os ângulos retos são iguais (postulado IV).

Subtraia o ângulo **CBA** a cada um. Logo, o que resta do ângulo **ABE** é igual ao que resta do ângulo **ABD** (axioma 1) – o menor é igual ao maior, o que é impossível (axioma 3). Portanto, BE não está em linha reta com **CB**.

Da mesma forma, pode-se demonstrar que nenhuma outra linha reta, exceto **BD**, está em linha reta com **CB**. Então, **CB** está em linha reta com **BD**. Ficando assim demonstrada a proposição.

Proposição XXIX: os paralelogramos que estão na mesma base e nas mesmas paralelas são, em área, iguais entre si.

Demonstração:

Sejam **ABCD** e **EBCF** paralelogramos na mesma base **BC** e nas mesmas paralelas **AF** e **BC**.

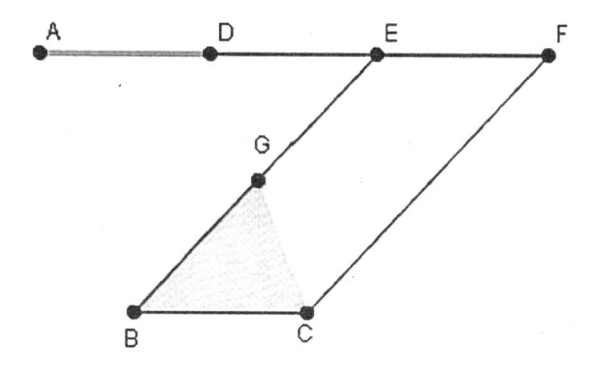

Digo que **ABCD** é, em área, igual ao paralelogramo **EBCF**.

Como **ABCD** é um paralelogramo, então **AD** é igual a **BC** (proposição XXIV). Pela mesma razão **EF** é igual a **BC**, então **AD** também é igual a **EF**. **DE** é comum, logo, **AE** é igual a **DF**. **AB** também é igual a **DC**. Logo, os dois lados **EA** e **AB** são iguais aos dois lados **FD** e **DC**, respectivamente, e o ângulo **FDC** é igual ao ângulo **EAB**; os correspondentes são iguais. Assim, a base **EB** é igual à base **FC** e o triângulo **EAB** é igual ao triângulo **FDC** (prop. XXV, prop. XXII e prop. VI).

Subtraia **DGE** a cada um. Então, o trapézio **ABGD** que resta é igual ao trapézio **EGCF** que resta. Adicione o triângulo **GBC** a cada um. Então, o paralelogramo **ABCD** é igual ao paralelogramo **EBCF** (axioma 2 e axioma 3).

Assim, os paralelogramos que estão na mesma base e nas mesmas paralelas são iguais entre si. Ficando assim completa a demonstração.

<u>*Proposição XXX:*</u> os triângulos que estão na mesma base e nas mesmas paralelas são, em área, iguais entre si.

<u>Demonstração</u>:

Sejam **ABC** e **DBC** triângulos na mesma base **BC** e nas mesmas paralelas **AD** e **BC**, afirma-se que o triângulo **ABC** é em área igual ao triângulo **DBC**.

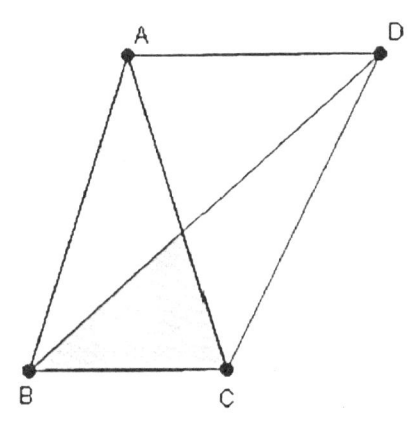

Prolongue **AD** em ambos os sentidos. Desenhe **BE** a partir de **B** e paralela a **CA** e **CF** a partir de **C** e paralela a **BD** (postulado 2 e proposição XXI).

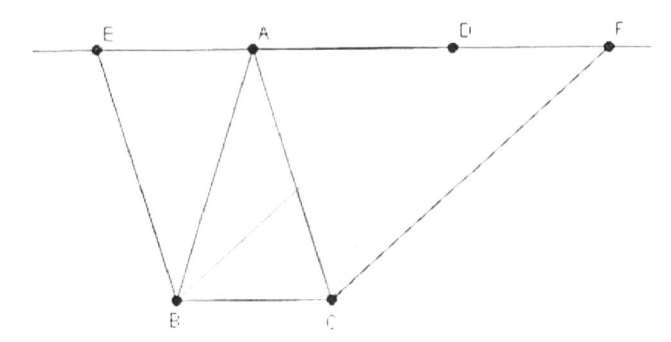

Então, cada uma das figuras **EBCA** e **DBCF** é um paralelogramo; eles são iguais em área, pois estão na mesma base **BC** e nas mesmas paralelas **BC** e **EF** (proposição XXIX). Além disso, o triângulo **ABC** é metade do paralelogramo **EBCA**, pois a diagonal **AB** bissecta-o. O triângulo **DBC** é metade do paralelogramo **DBCF**, pois a diagonal **DC** também o bissecta (proposição XXV).

Portanto, o triângulo **ABC** é igual, em área, ao triângulo **DBC**. Fica, assim, completa a demonstração.

Proposição XXXI: se um paralelogramo e um triângulo tiverem a mesma base e estiverem nas mesmas paralelas, então, o paralelogramo possui, em área, o dobro do triângulo.

Demonstração: seja **ABCD** um paralelogramo que tem a mesma base **BC** que o triângulo **EBC** e, que estejam nas mesmas paralelas **BC** e **AE**, afirma-se que o paralelogramo **ABCD** é, em área, o dobro do triângulo **BEC**.

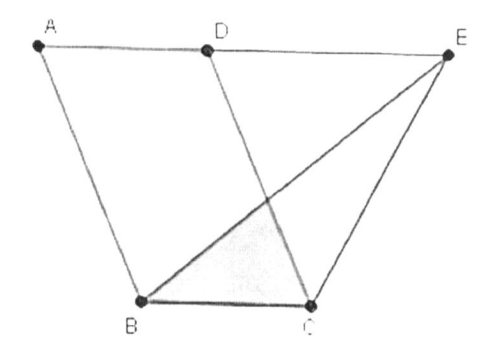

Desenhe **AC** (postulado 1),

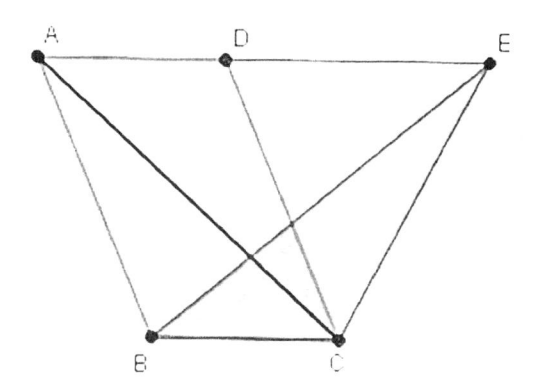

Então, o triângulo **ABC** é, em área, igual ao triângulo **EBC**, pois está na mesma base **BC** e nas mesmas paralelas **BC** e **AE** (proposição XXX). Mas o paralelogramo **ABCD** é o dobro do triângulo **ABC**, pois a diagonal **AC** bissecciona-o (proposição XXV). Assim, o paralelogramo **ABCD**, também, é o dobro em área do triângulo **EBC**. Ficando assim completa a demonstração.

Proposição XXXII: em triângulos retângulos, a área do quadrado construído sobre o lado oposto ao ângulo reto é igual à soma das áreas dos quadrados construídos sobre os outros lados que fazem o ângulo reto.

Demonstração: seja **ABC** um triângulo retângulo tendo o ângulo **BAC** reto, afirma-se que o quadrado em **BC** é igual à soma dos quadrados em **BA** e **AC**.

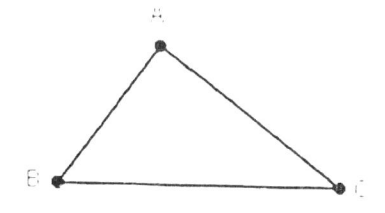

Descreva o quadrado **BDEC** em **BC** e os quadrados **GB** e **HC** em **BA** e **AC**, respectivamente, conforme proposição XXVII. Em seguida, desenhe **AL** a partir de **A** e paralela a **BD** e **CE** e desenhe **AD** e **FC** (proposição XXI e postulado 1).

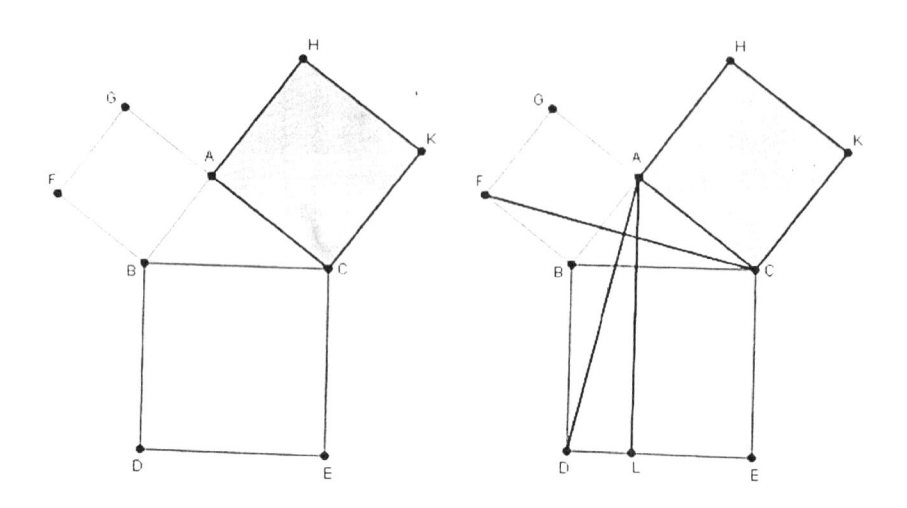

Como cada um dos ângulos **BAC** e **BAG** é reto, ocorre que, com a linha reta **BA** e no ponto **A**, as duas linha retas **AC** e **AG** não estando no mesmo lado fazem os ângulos adjacentes iguais a dois ângulos retos, logo, **CA** está em linha reta com **AG** (proposição XXVIII e definição xiv). Pela mesma razão, **BA** também está em linha reta com **AH**.

Como o ângulo **DBC** é igual ao ângulo **FBA**, pois são ambos retos, adicione o ângulo **ABC** a cada um, então, o ângulo **DBA** é igual ao ângulo **FBC** (definição xiv, axioma 2 e postulado 4). Como **DB** é igual a **BC** e **FB** é igual a **BA**, os dois lados **AB** e **BD** são iguais aos dois lados **FB** e **BC**, respectivamente, e o ângulo **ABD** é igual ao ângulo **FBC**. Então, a base **AD** é igual à base **FC** e o triângulo **ABD** é igual ao triângulo **FBC** (definição xiv e proposição VI).

Agora, o paralelogramo **BL** é o dobro do triângulo **ABD** porque têm a mesma base **BD** e estão nas mesmas paralelas **BD** e **AL** (proposição XXXI). E, o quadrado **GB** é o dobro do triângulo **FBC**, pois, de novo, eles têm a mesma base **FB** e estão nas mesmas paralelas **FB** e **GC** (proposição XXXI).

Portanto, o paralelogramo **BL** também é igual ao quadrado **GB**.

Do mesmo modo, se **AE** e **BK** são unidos, também se pode demonstrar que o paralelogramo **CL** é igual ao quadrado **HC**. Os triângulos **ECA** e **BCK** são congruentes pelo caso **LAL** (proposição VI) já que **EC** é igual a **BC** por serem lados do mesmo quadrado **BE**. **CA** e **CK**, também possuem a mesma medida, pois são lados do quadrado **HC**. O ângulo **ECA** do triângulo **ECA** é igual ao ângulo **BCK** do triângulo **BCK**, pois como o ângulo **ECB** é igual ao ângulo **KCA**, ambos retos; adicione o ângulo **BCA** a cada um, então, o ângulo **ECA** é igual ao ângulo **BCK** (definição xiv, axioma 2 e postulado 4). Agora, o paralelogramo **CL** é o dobro do triângulo **ECA** porque têm a mesma base **EC** e estão nas mesmas paralelas **EC** e **AL** (proposição XXXI). E, o quadrado **HC** é o dobro do triângulo **CKH**, pois, de novo, eles têm a mesma base **KC** e estão nas mesmas paralelas **KC** e **HB** (proposição XXXI). Portanto, o paralelogramo **CL** também é igual ao quadrado **HC**.

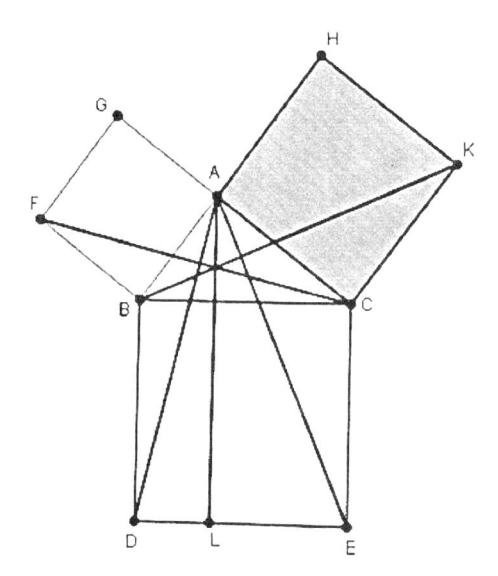

Mas o quadrado **BDEC** é igual à soma dos paralelogramos **BL** e **CL**; como já foi demonstrado, **BL** é, em área, igual a **GB** e que **CL** é, em área, igual a **HC**. Logo, o quadrado **BDEC** é, em área, igual à soma dos dois quadrados **GB** e **HC**. O quadrado **DBEC** é descrito em **BC**,e os quadrados **GB** e **HC** em **BA** e **AC**, respectivamente. Deste modo, o quadrado em **BC** é, em área, igual à soma dos quadrados em **BA** e **AC**. Ficando assim completa a demonstração.

Comentário: esta proposição traz a demonstração do conhecido Teorema de Pitágoras. Esta demonstração geométrica, que além de rara beleza, é apresentada de forma completa nesse ensaio, no qual é possível recorrer às proposições, definições, axiomas e postulados desse texto para ter a prova definitiva, na qual o leitor pode ser convencido sem a obrigação de aceitar definições inconcebíveis.

Algebricamente, esta demonstração pode ser feita usando as noções de semelhança de triângulos, desde que o leitor aprendiz tenha uma noção clara e concisa destes conceitos e que tenha uma compreensão dos conceitos básicos da álgebra.

Observe-se o triângulo retângulo **ABC**:

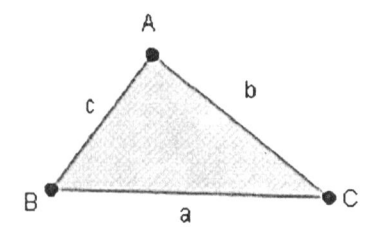

Afirma-se que $a^2 = b^2 + c^2$

Para demonstrar isto, trace a altura referente à hipotenusa **a**. Marque em **m** e **n**, respectivamente, as projeções ortogonais de **c** e de **b** sobre a hipotenusa.

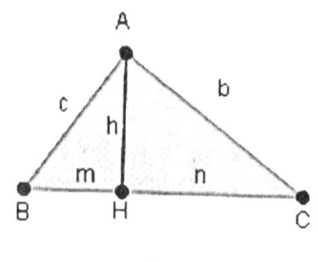

ΔABC é semelhante ao ΔAHC, pois <AHC = <BAC, já que ambos são retos; <HCB é comum e conseqüentemente <HAC = ABH, já que a soma dos ângulos internos de qualquer triângulo plano dá 180°. Assim:

$$\frac{n}{b} = \frac{b}{a} \Rightarrow b^2 = an \quad (1)$$

Mas, ΔABH é semelhante a o ΔACH, pois <AHC =<AHB, <ABH =<CAH, conforme demonstrado no item anterior e, portanto, <BAH =<ACH. Ocorre que ΔABH é semelhante ao ΔABC, pois <AHB =<BAC , <ABH =<ABH e <BAH =<ACH

$$\frac{c}{a} = \frac{m}{c} \Rightarrow c^2 = am \quad (2)$$

Fazendo (1) + (2) tem-se:
$$\begin{array}{r} b^2 = an \\ + \quad c^2 = am \\ \hline b^2 + c^2 = an + am \end{array}$$
e, colocando o fator comum **a** em evidência: $b^2 + c^2 = a(m+n)$ e, como $a = m+n$, então, $b^2 + c^2 = a^2$. Que pode ser reescrito como que é o Teorema de Pitágoras em que no primeiro membro corresponde geometricamente ao quadrado desenhado sobre o lado a e no segundo membro, à soma dos quadrados desenhados sobre os lados **b** e **c**.

Esta demonstração apesar de ser matematicamente mais viável, remete à descobertas matemáticas que se deram mais de mil anos depois das descobertas geométricas e que exigem um nível de abstração que parece necessitar dessa compreensão geométrica inicial.

Proposição XXXIII: os paralelogramos que estão em bases iguais e nas mesmas paralelas são iguais entre si.

Demonstração: sejam **ABCD** e **EFGH** paralelogramos que estão em bases iguais **BC** e **FG** e nas mesmas paralelas **AH** e **BG**, afirma-se que o paralelogramo **ABCD** é, em área, igual a **EFGH**.

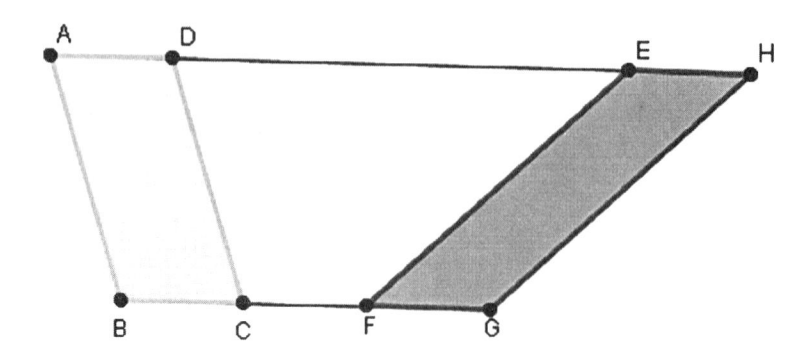

Desenhe **BE** e **CH** (postulado 1).

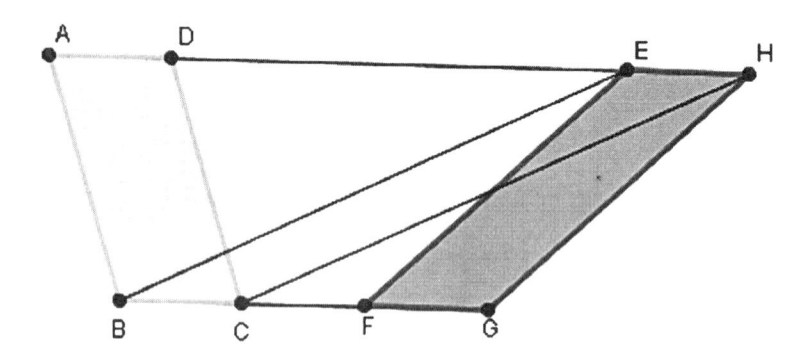

Como **BC** é igual a **FG** e **FG** é igual a **EH**, então, **BC** é igual a **EH** (axioma 1), mas, também, são paralelas. Deste modo, as linhas retas **EB** e **HC** que as unem, são iguais e paralelas (proposição XXIII), logo, **EBCH** é um paralelogramo. E, é igual a **ABCD**, pois tem a mesma base **BC** e está nas mesmas paralelas **BC** e **AH** (proposição XXIX). Pela mesma razão, também **EFGH** é igual a **EBCH**, logo, o paralelogramo **ABCD** é igual a **EFGH** (axioma 1). Ficando assim completa a demonstração.

Proposição XXXIV: triângulos que estão em bases iguais e nas mesmas paralelas são, em área, iguais entre si.

Demonstração: sejam **ABC** e **DEF** triângulos em bases iguais **BC** e **EF** e estejam nas mesmas paralelas **BF** e **AD**, afirma-se que o triângulo

ABC é igual ao triângulo DEF.

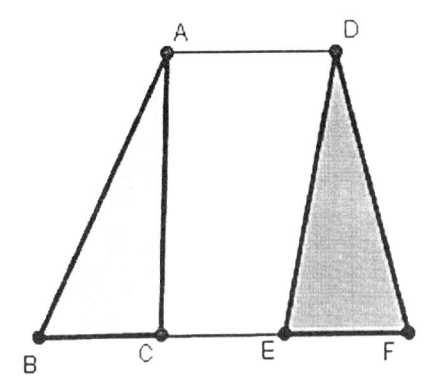

Prolongue AD em ambas as direções para G e H. Desenhe BG a partir de B e paralela a CA e desenhe FH a partir de F e paralela DE (postulado 2 e proposição XXI).

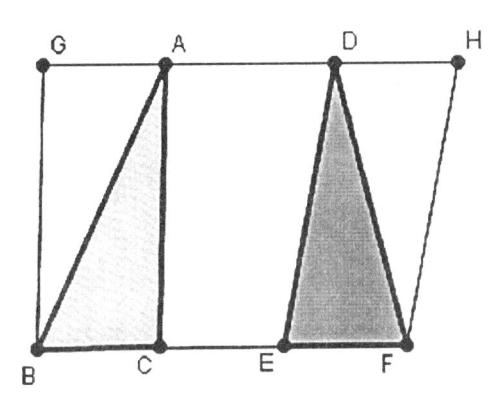

Então, cada uma das figuras GBCA e DEFH é um paralelogramo e GBCA é igual a DEFH, pois estão em bases iguais, BC e EF, e nas mesmas paralelas BF e GH (proposição XXXIII). Além disso, o triângulo ABC é metade do paralelogramo GBCA, pois a diagonal AB bissecta-o. O triângulo FED é metade do paralelogramo DEFH, pois a diagonal DF também o bissecta (proposição XXV). Ficando assim completa a demonstração.

Comentário: segue abaixo, a construção geométrica com régua não graduada e compasso que permite obter a figura que propicia a demonstração dessa proposição.

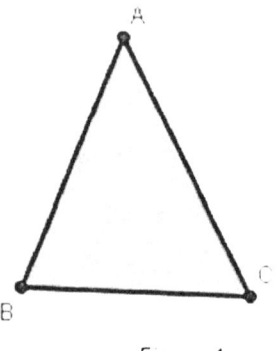

Figura 1

Partindo de um triângulo **ABC** qualquer (Figura 1), construir o segmento **EF** igual a **BC** e sobre o prolongamento de **BC** (postulado 2 e a proposição V).

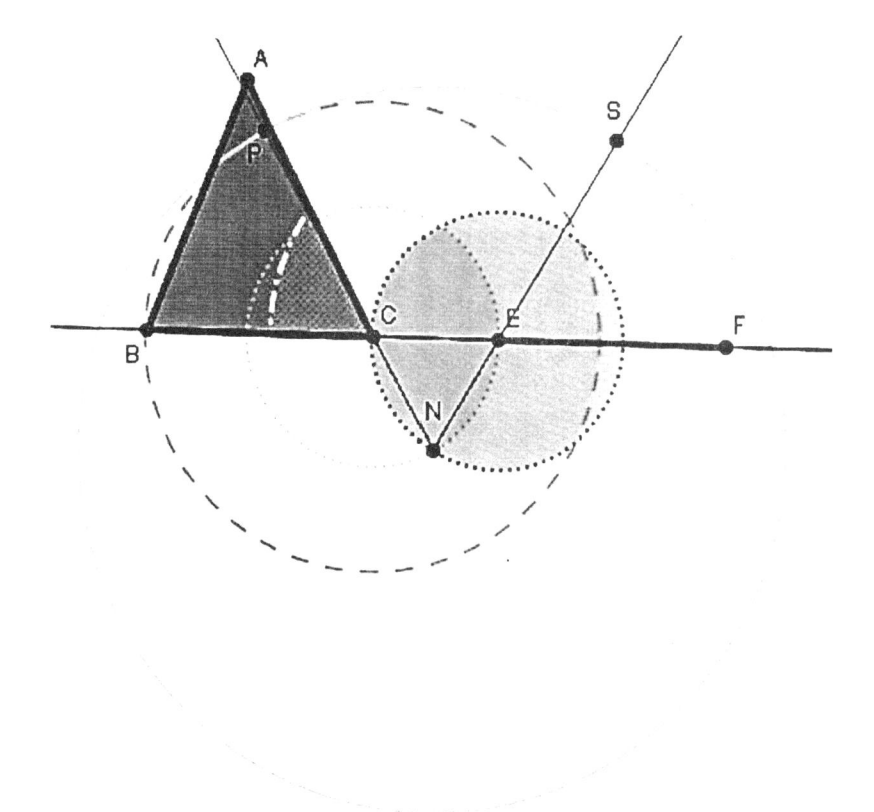

Figura 2

Retirando a construção geométrica da figura 2 e deixando apenas o que importa, temos a figura 3, na qual **BC** é igual a **EF** e **EF** está sobre o prolongamento de **BC**.

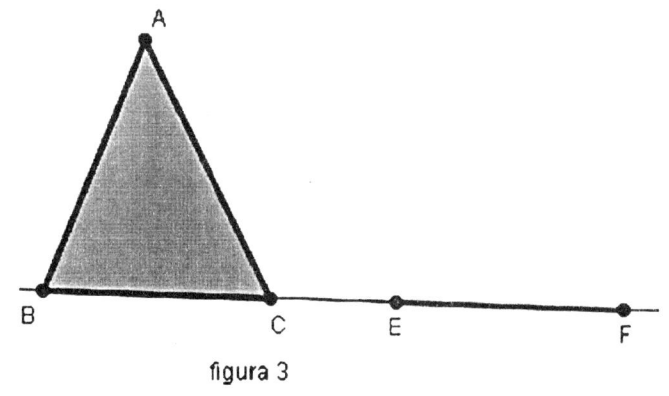

figura 3

Usando, ainda, a proposição IV, constrói-se **AW** igual a **BC** para determinar, na figura 7, o ângulo **CDA** alterno interno igual a **BCA** e, dessa forma, traçar **AD** paralela a **BF**.

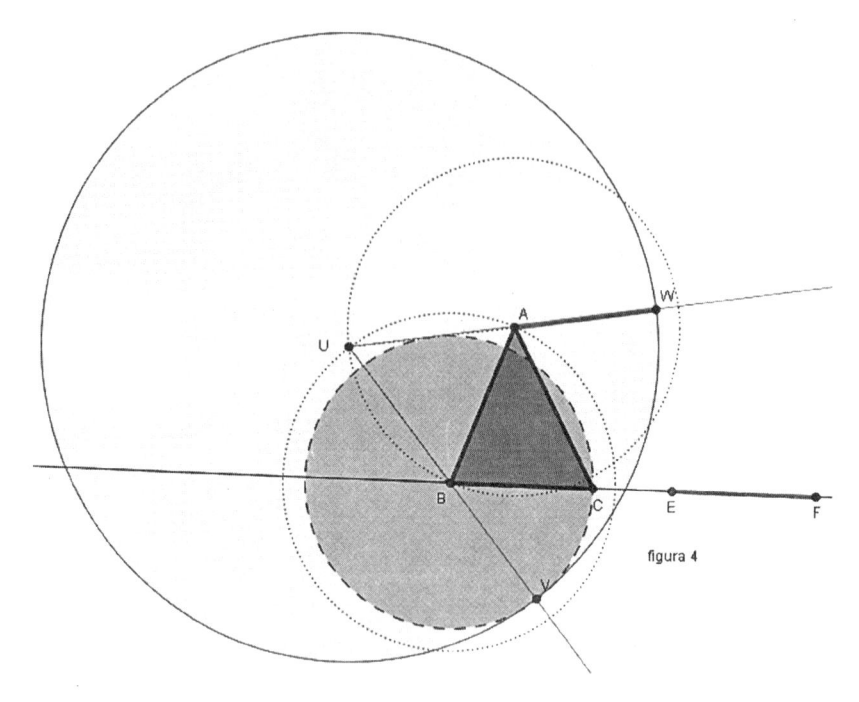

figura 4

Retirando a construção geométrica, temos o triângulo **ABC**, o segmento **EF** igual a **BC** no prolongamento de **BC** e o segmento **AW** igual a **BC** a partir do ponto **A**.

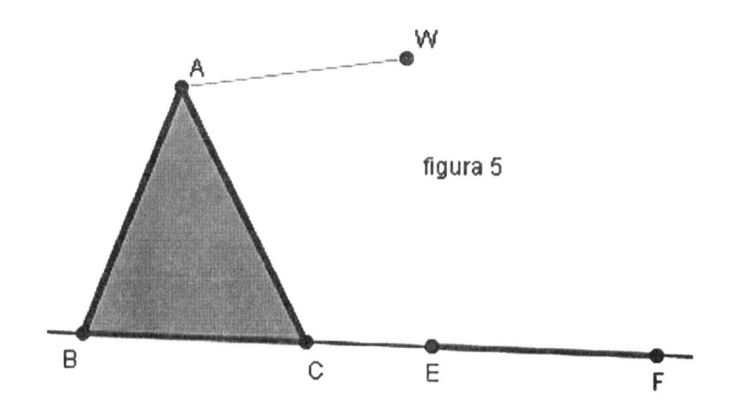

figura 5

Na figura 6, o segmento **PC** é igual ao lado **AB** do triângulo **ABC**. As circunferências **B'** e **C'** (pontilhadas) apresentam o mesmo raio **BC**. **BN** e **CN** são iguais a **BC**, sendo que **BN** é raio da circunferência **B'** e **CN** é raio da circunferência **C'**. **NM** é o raio da circunferência de centro **N** e **AB** é igual a **BM**, pois são raios da mesma circunferência de centro **B**. Como **NM** e **NP** são iguais e, sendo **NB** e **NC** também iguais, então, **BM** é igual a **CP**. Conseqüentemente, sendo **AB** igual a **MB**, **PC** é igual a **AB**.

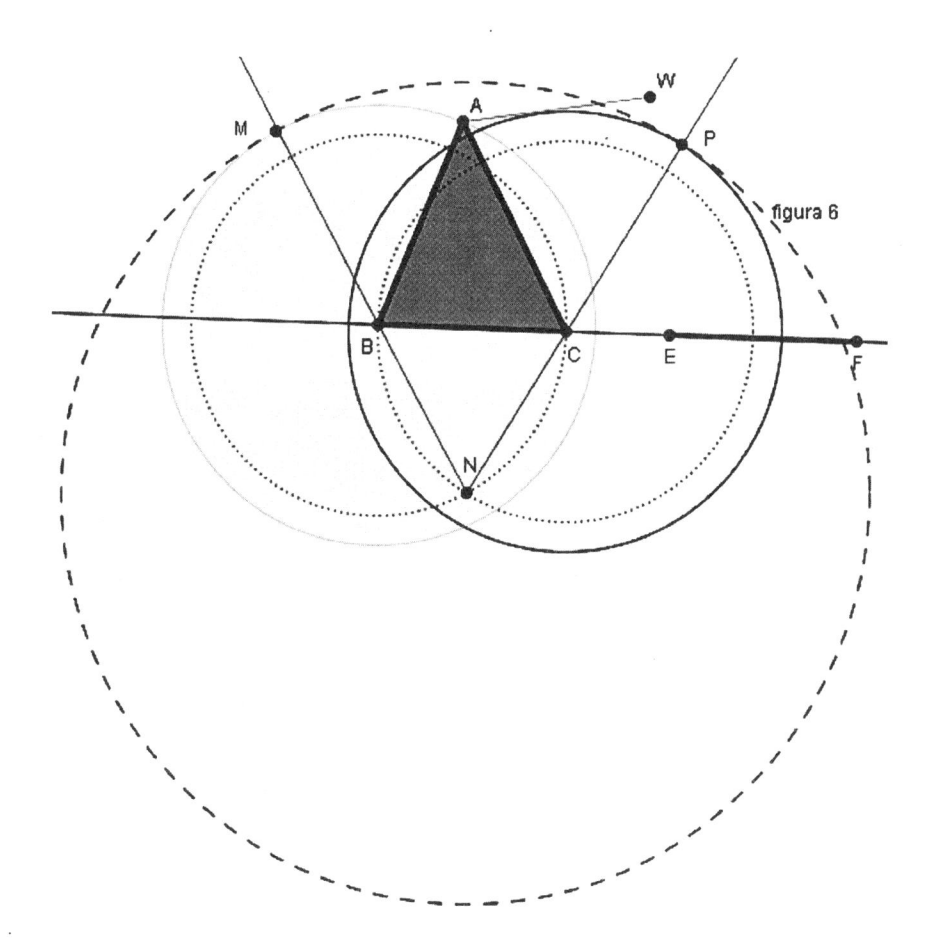

figura 6

Em seguida, na figura 7, traça-se a circunferência **A'**, de centro **A** e raio **AW**, e a circunferência **C'**, de centro **C** e raio **CP** e marca-se o ponto **D** na intersecção dessas circunferências.

figura 7

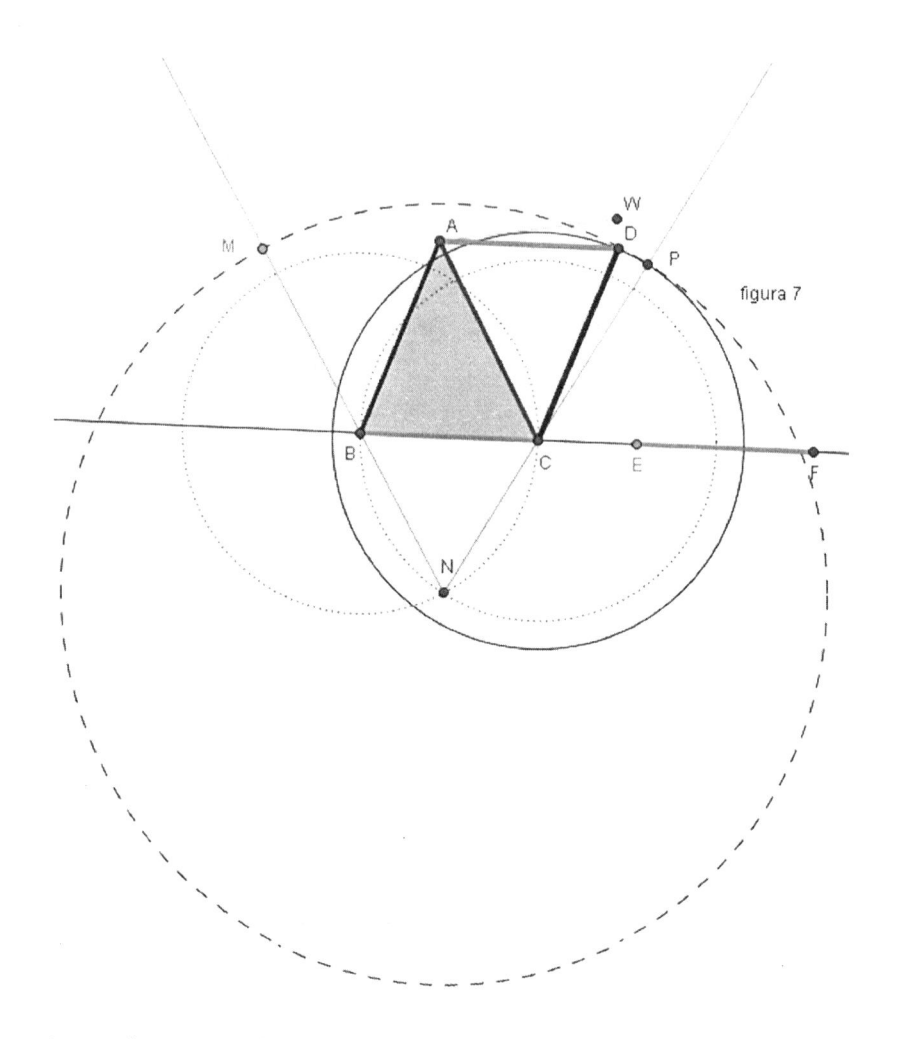

Dessa forma, na figura 7, **AD** é igual a **AW**, pois são raios da mesma circunferência; **CP** e **CD** também são iguais pelo mesmo motivo; assim, o triângulo **ADC** é congruente ao triângulo **ABC** pelo caso **LLL** (proposição IX). Como **AC** é comum e **BC** é igual a **AD**, então os ângulos alternos internos **BCA** e **CAD** são iguais (proposição IX). Conseqüentemente, **AD** e **BC** são paralelas, de acordo com a proposição XXII.

Na figura 8, é retirada a construção geométrica prolongada a reta AD, marcado um ponto qualquer D_2 no prolongamento de AD e construído o triângulo EFD_2. Obtendo-se, assim, a figura, conforme foi proposto demonstrar.

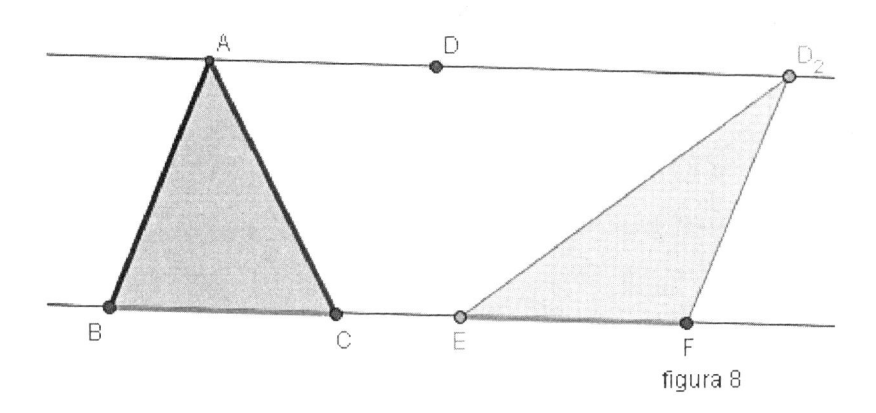

figura 8

Proposição XXXV: construir, com régua não graduada e compasso, um paralelogramo igual, em área, a um triângulo em um dado ângulo retilíneo.

Demonstração: seja **ABC** um dado triângulo e **HKI** um dado ângulo retilíneo representado na figura 9, é requerido construir, com o ângulo **HKI**, um paralelogramo igual em área ao triângulo **ABC**.

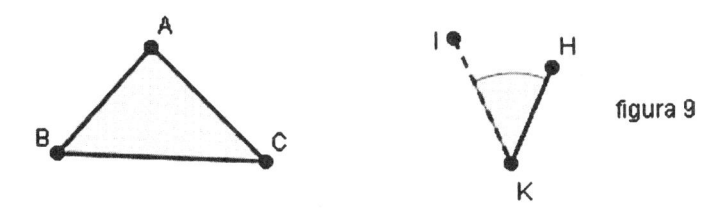

figura 9

Ligue **HI** (postulado 1), conforme proposição **XI**, bissecte **BC** no ponto E e determine **EP** igual a **KH**, de acordo com a proposição **IV**.

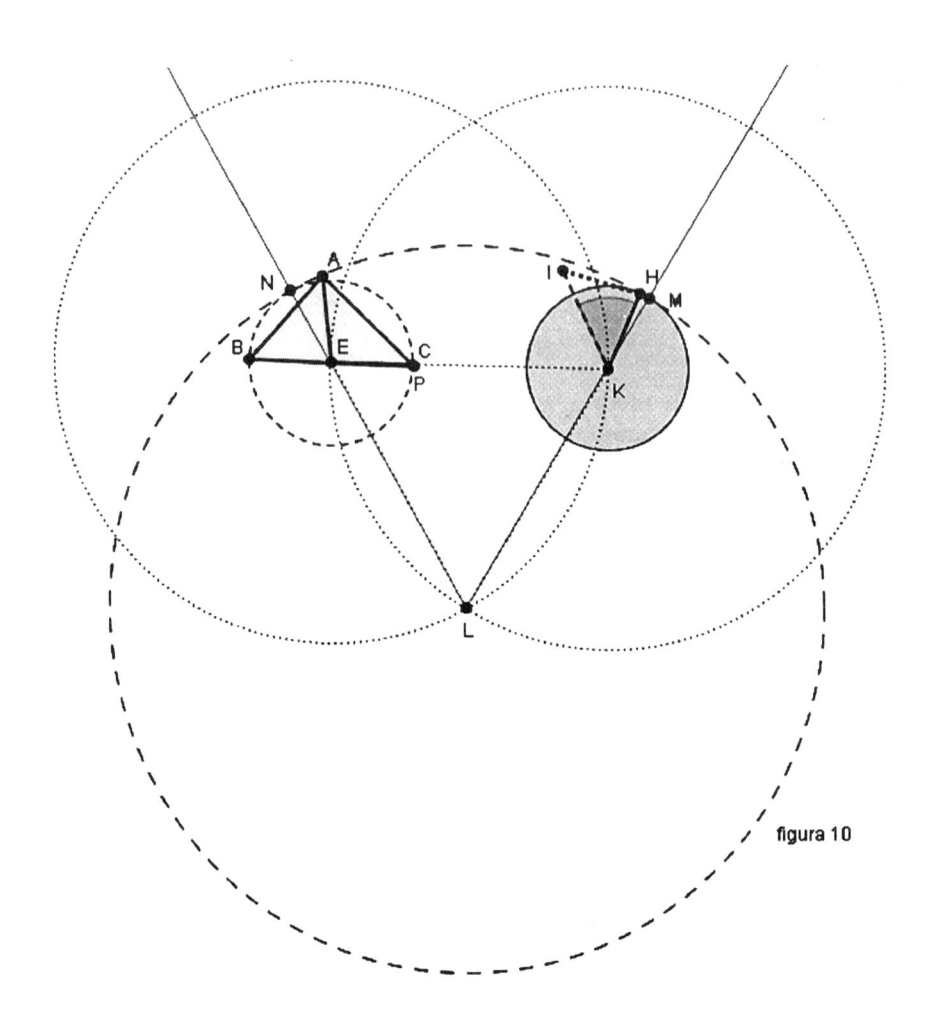

Determine **EU** igual a **KI** conforme proposição IV.

figura 11

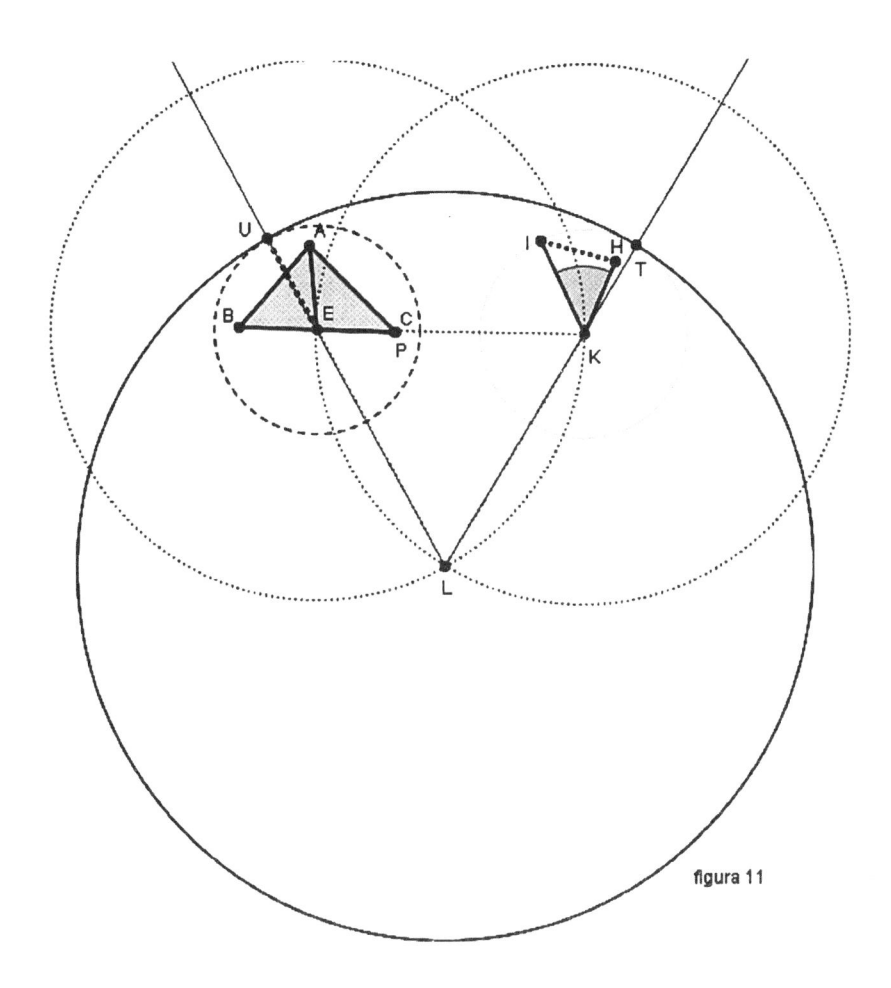

Observe que **ELK** é um triângulo eqüilátero e que **KT** é igual a **KI**, pois são raios da mesma circunferência **K'**. Como **LT** é igual a **LU**, por serem raios da circunferência **L'**, então, **EU** é igual a **KT** e, portanto, igual a **KI**.

Dessa forma, na figura 12, o triângulo **ABC** já está bisseccionado no ponto **E**, sendo que os lados **KI** e **KH** do triângulo **KIH** já estão desenhados com uma extremidade no ponto **E**. Assim deve-se desenhar o segmento **HI**, ligando **EU** e **EP**, para obter um triângulo congruente ao triângulo **KIH** e, dessa forma, obter no ponto **E** um ângulo igual a **IKH**.

figura 12

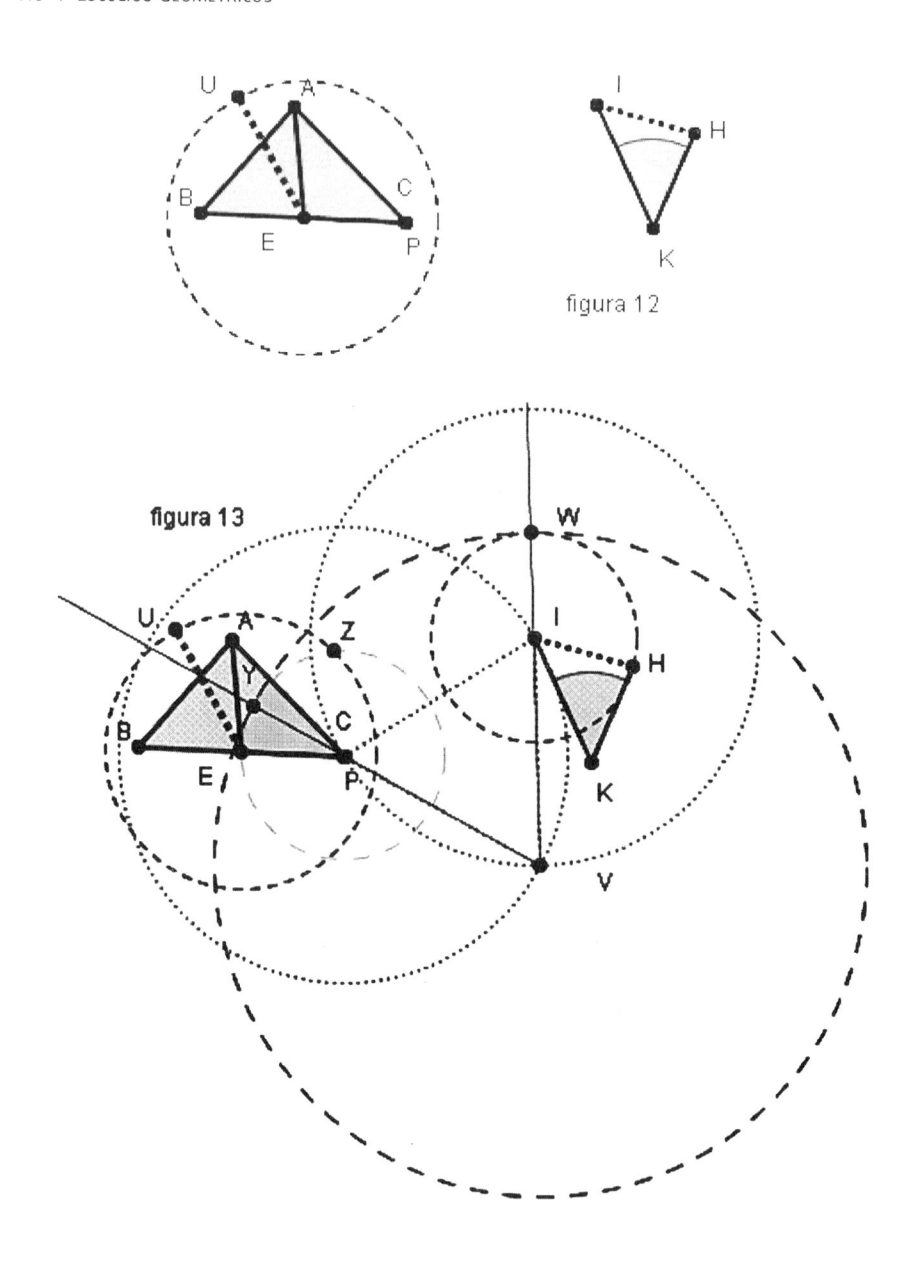

figura 13

Com a circunferência de centro **P** e raios **PY** e **PZ** obteve-se a medida **PZ** igual a **IH**. O ponto **Z** está nà intersecção das circunferências **E**'e **P**'e, portanto, fazendo-se o triângulo **EPZ**, este será congruente com **KHI**.

Na figura 14, observa-se de forma mais clara o triângulo **EPZ** em que o ângulo **ZEP** é igual ao ângulo **IKH**, pois os triângulo **EPZ** e **KHI** são congruentes pelo caso **LLL** (proposição IX). Os lados **EP** e **KH** são iguais, os lados **PZ** e **HI** são iguais e os lados **ZE** e **IK** também, conforme demonstrado no decorrer dessa demonstração.

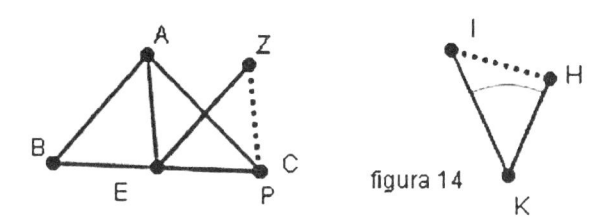

figura 14

Na figura 15, construiremos o segmento **EC** com extremo em **A**, conforme a proposição IV, e prolongaremos o segmento **EZ** na direção de **Z** (postulado 2) com o objetivo de construir um paralelogramo em que dois lados sejam **AE** e **EC**. Para isto, construiremos um quadrilátero de lado opostos iguais e será provado, em seguida, que todo quadrilátero em que os lados opostos são iguais é paralelogramo.

Na figura 15, o segmento de reta **AC1** é igual a **EC**, pela proposição IV. Basta observar que **ED1C** é um triângulo eqüilátero e que **D1F1** é igual a **D1E1** por serem raios da circunferência de centro **D1**.

figura 15

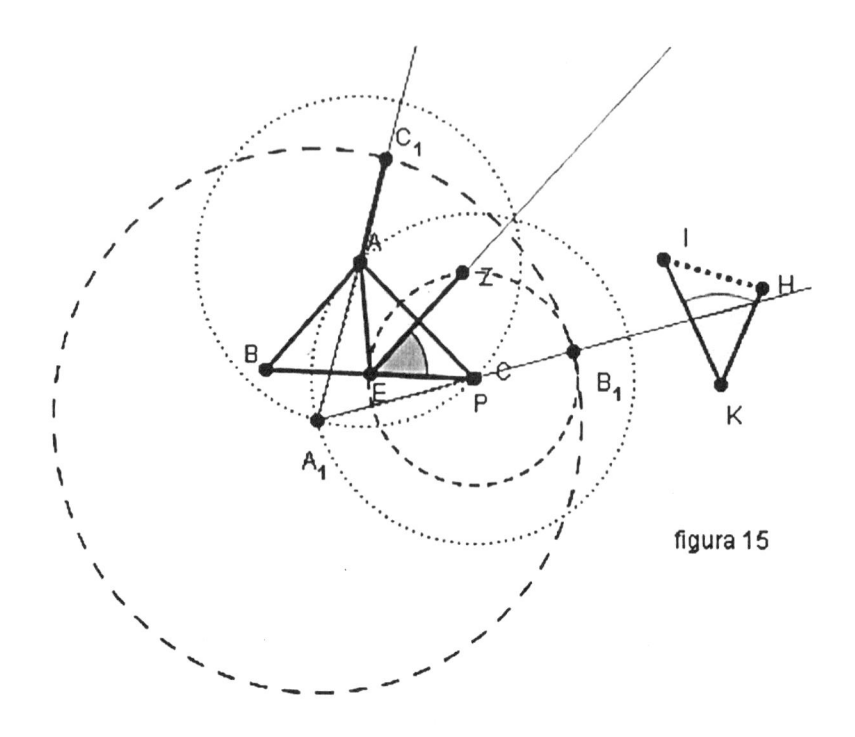

Na figura 16, será construído o segmento **CF1** igual a **AE**, por meio da proposição IV.

figura 16

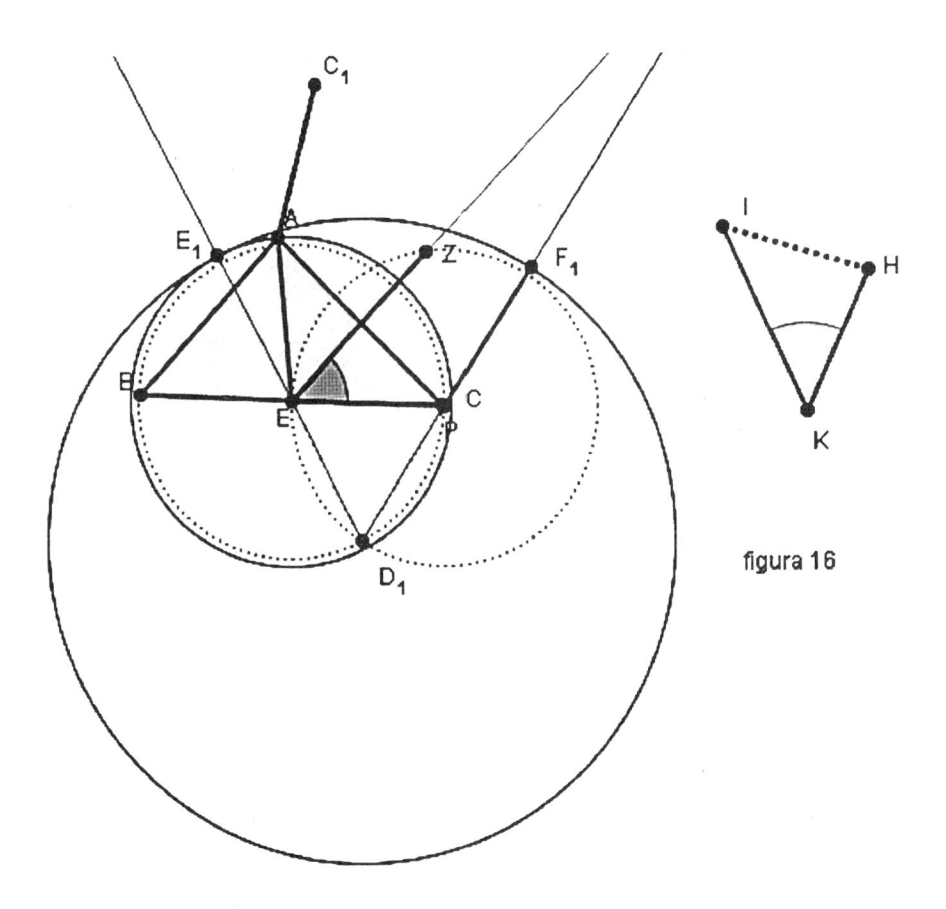

Finalmente, na figura 17, construiremos a circunferência de centro **C** e raio **CF1** e a de centro **A** e raio **AC1**. Colocando o ponto **G1** na intersecção dessas circunferências obtemos os segmentos **AG1** e **PG1**, respectivamente, iguais a **EP** e **AE**. Provaremos agora que o quadrilátero **AEPG1** é um paralelogramo.

figura 17

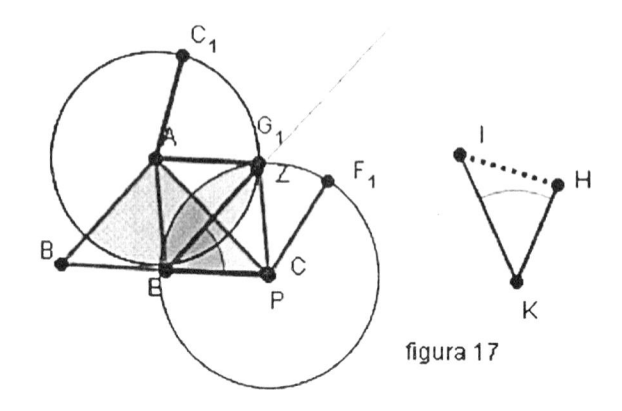

Tomando o triângulo **AEC** e o triângulo **CG1A**, vemos que **AC** é lado comum, **EA** e **CG1** são iguais e **AG1** e **EC** também são iguais, conforme já demonstrado. Dessa forma, **AEC** e **CG1A** são congruentes pelo caso **LLL** (proposição IX). Portanto, os ângulos **ECA** e **CAG1** são iguais. Mas ângulos alternos internos iguais determinam retas paralelas (proposição XIX), dessa forma, **AE** e **G1C** são paralelas.

Assim, tomando o triângulo **AEG1** e o triângulo **CG1E**, vemos que **EG1** é lado comum, **EA** e **CG1** são iguais e **AG1** e **EC** também são iguais, conforme já demonstrado. Dessa forma, **AEG1** e **ECG1** são congruentes pelo caso **LLL** (proposição IX). Portanto, os ângulos **G1EC** e **AG1E** são iguais. Como ângulos alternos internos iguais determinam retas paralelas (proposição XIX), **AG1** e **EC** são paralelas.

AG1CE é um paralelogramo e, também, sua área é igual ao triângulo **ABC** pois o triângulo **ACE** é comum e o triângulo **AG1P** é, em área, igual ao triângulo **BAE** já que estão em bases iguais e nas mesmas paralelas (proposição XXXIV). Dessa forma, o triângulo **ABC** é, em área, igual ao paralelogramo **AG1PE**. Ficando completa a demonstração.

Proposição XXXVI: em qualquer paralelogramo os complementos dos paralelogramos em torno da diagonal são iguais em área.

Seja **ABCD** um paralelogramo, **AC** a sua diagonal, em torno de **AC** os paralelogramos **EH** e **FG** e **BK** e **KD** os complementos, afirma-se que o complemento **BK** é igual, em área, ao complemento **KD**.

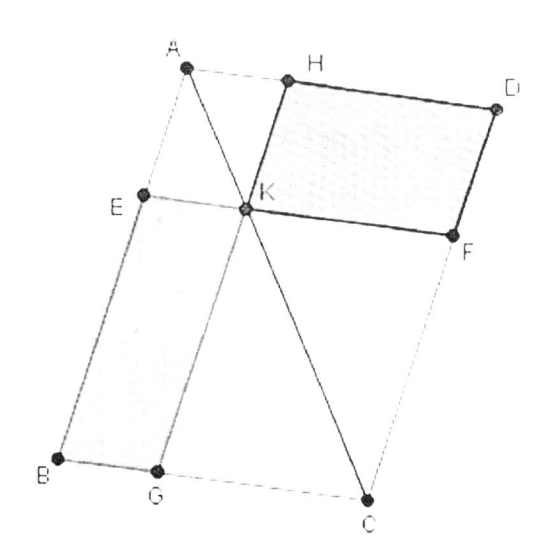

Desde que **ABCD** é um paralelogramo e **AC** sua diagonal, o triângulo **ABC** é congruente ao triângulo **ACD** (proposição XXV). Da mesma forma, os triângulos **AEK** e **AHK** são congruentes e, também, os triângulos **GKC** e **CKF** são congruentes.

Agora, desde que o triângulo **AEK** é congruente com o triângulo **AHK** e, também, **KFC** é congruente com **KGC**, então, **AEK**, junto com o triângulo **KGC**, é igual, em área, a **AHK** com o **KFC** (axioma 2).

O triângulo todo **ABC** é igual, em área, ao triângulo todo **ADC**, então, o que resta, que é o paralelogramo **BK**, é igual em área ao que resta, que é o paralelogramo **KD**.

Dessa forma, fica demonstrado que em qualquer paralelogramo os complementos dos paralelogramos em torno da diagonal são, em área, iguais entre si.

Proposição XXXVII: é possível, sobre uma linha reta num ângulo retilíneo dado, construir um paralelogramo igual, em área, a um dado triângulo.

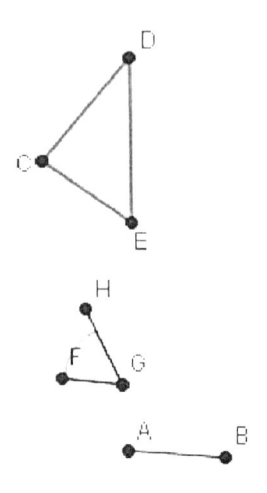

Seja a reta **AB**, o ângulo **FGH** e o triângulo **CDE**, afirma-se que é possível construir, com régua não graduada e compasso, um paralelogramo de área igual ao triângulo **CDE**, com ângulo igual a **FGH** e com um lado igual a **AB**.

Uma Viagem à Geometria Euclidiana ♦ 123

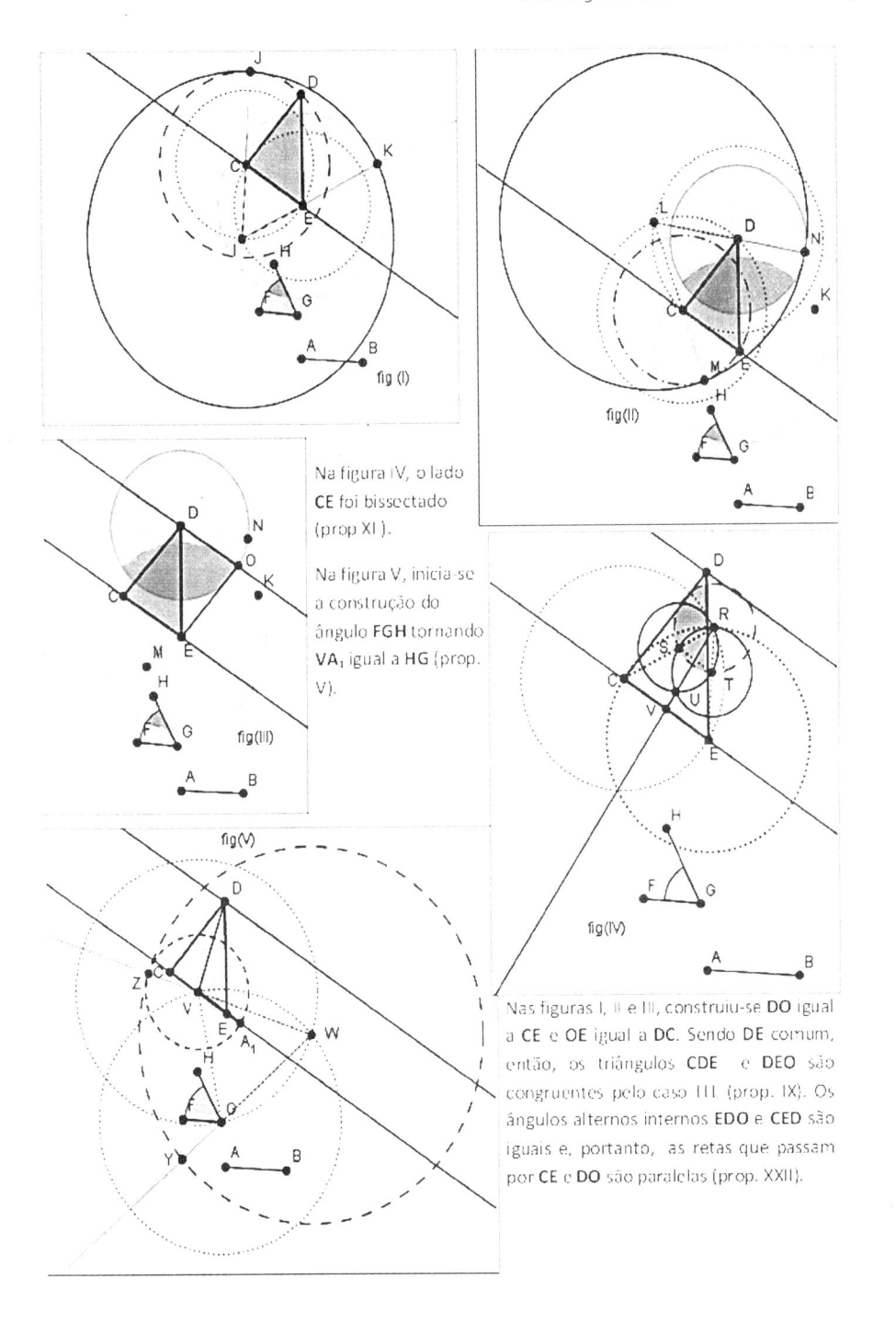

fig (I)

fig(II)

Na figura IV, o lado CE foi bissectado (prop XI).

Na figura V, inicia-se a construção do ângulo FGH tornando VA₁ igual a HG (prop. V).

fig(III)

fig(IV)

fig(V)

Nas figuras I, II e III, construiu-se DO igual a CE e OE igual a DC. Sendo DE comum, então, os triângulos CDE e DEO são congruentes pelo caso III (prop. IX). Os ângulos alternos internos EDO e CED são iguais e, portanto, as retas que passam por CE e DO são paralelas (prop. XXII).

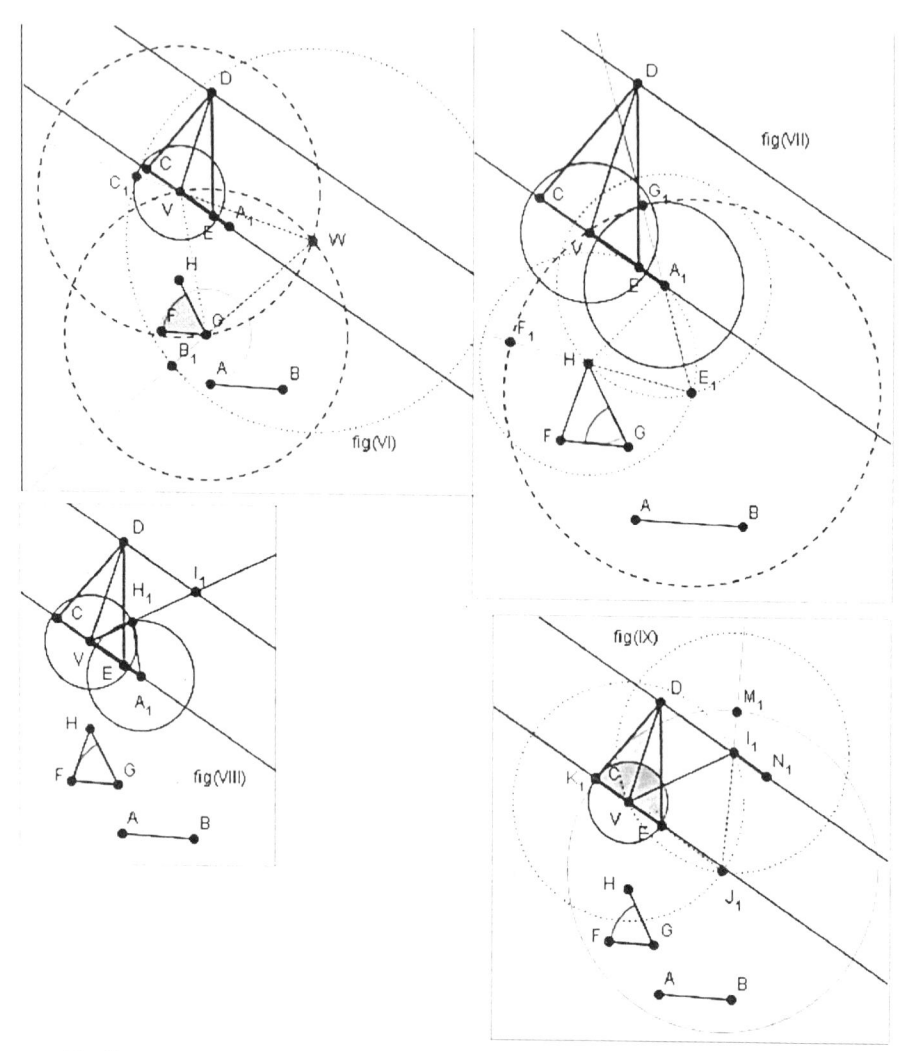

Na figura VI, o raio **VC1** da circunferência de centro **V** é igual a **FG**, como pode ser constatado pela construção geométrica dessa figura (prop. IV). A construção da figura VII propicia a circunferência de centro **A1** e raio **A1G1**, em que **A1G1** é igual a **FH**. O ponto **H1** da figura VIII, ponto de intersecção das circunferências de raio **VC1** e **A1G1**, permite desenhar **VH1** igual a **FG** e **A1H1** igual a **FH**. Assim, os triângulos **VA1H1** e **FGH** são congruentes pelo caso LLL (prop. IX). Portanto, como **VH1** é igual a **FG** e **VA1** é igual **GH**, então, os ângulos **A1VH1** e

FGH são iguais. Na figura IX, o ponto I1 é o ponto de intersecção entre o prolongamento de VH1 com a reta que passa no ponto D e é paralela com a reta que passa por CE. A reta I1N1 é igual a VE (proposição V).

Na figura X, liga-se E com N1, formando o segmento de reta EN1, que é paralela e igual a VI1, pois pela proposição XXIII, linhas retas que unem as extremidades de duas linhas retas iguais e paralelas na mesma direção são iguais e paralelas. Conseqüentemente, o quadrilátero VEN1I1 é um paralelogramo e, como VE é metade CE (Fig. IV), o paralelogramo VEN1I1 é, em área, igual ao triângulo CDE.

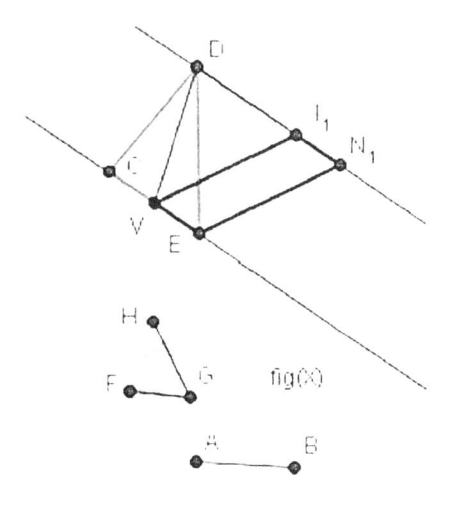

No entanto, o objetivo dessa proposição ainda não foi alcançado, pois se quer construir um paralelogramo sobre AB com a mesma área que VEN1I1.

Na figura XI, construiu-se sobre o prolongamento de CE, ES1 igual a AB (proposição V). Na figura XII, prolongou-se I1V no sentido de V e N1E no sentido de E.

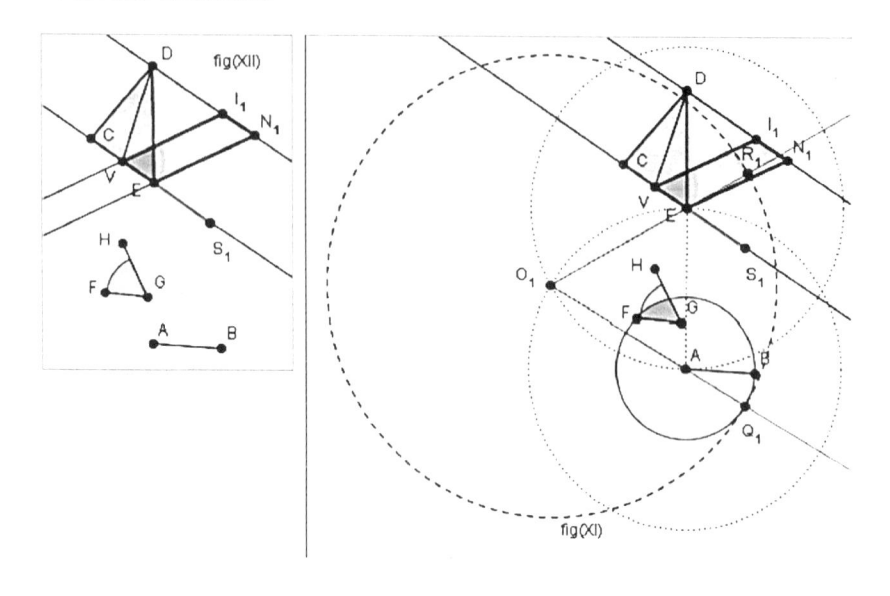

Na figura XIII, construiu-se **N1Y1** igual a **ES1** (proposição V) e, na figura XIV, traçou-se a reta que inicia em **Y1** e passa no ponto **E**, marcando também o ponto **B2**, a intersecção dessa reta com o prolongamento de **I1V**.

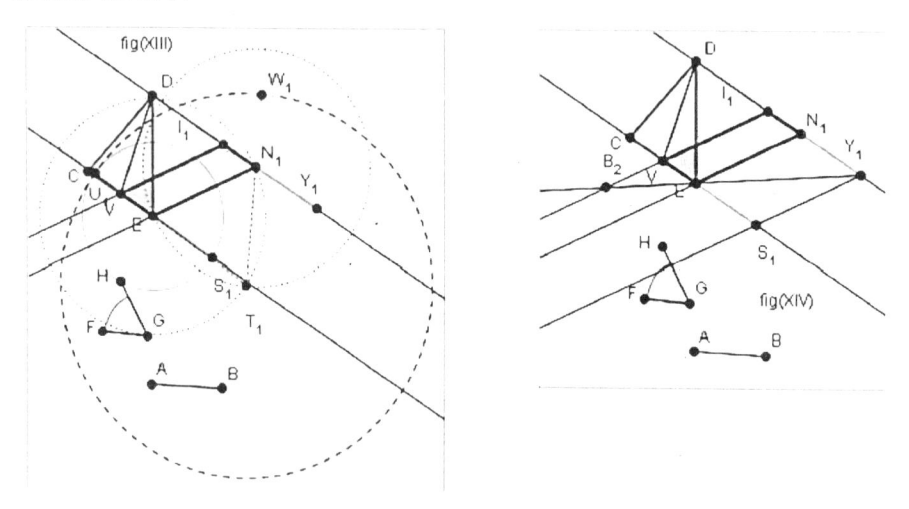

Na figura **XV**, obtêm-se no prolongamento de **Y1S1**, no sentido de **S1**, o segmento **S1H2** igual ao segmento **VB2**, através da construção geométrica exposta nessa figura. **S1H2** e **VB2** são iguais conforme proposição V.

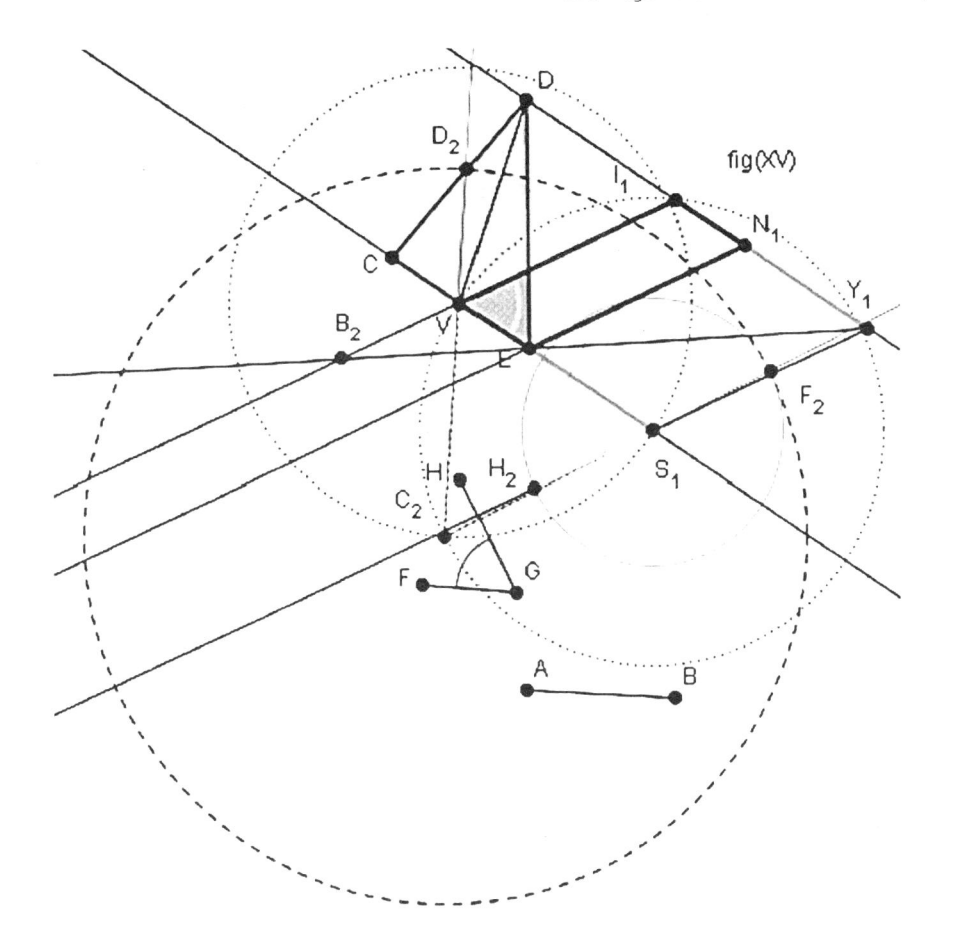

Na figura XVI, liga-se **H2** com **B2** e marca-se o ponto **I2** na intersecção do segmento **H2B2** com o prolongamento de **N1E** no sentido de **E**. Ressalte-se que, pela proposição XXIII, **H2B2** e **S1V** são iguais e paralelas. Como **VE** é igual a **I1N1** e **ES1** é igual a **N1Y1**, então, **VS1** é, também, igual a **I1Y1** e, conseqüentemente, **I2H2** é igual a **I1Y1**. Como são iguais e ligam retas iguais e paralelas na mesma direção são também paralelas pela proposição XXIII.

Dessa forma, a figura geométrica **I1Y1H2B2** é um paralelogramo e o segmento **Y1B2** é sua diagonal. Pela proposição XXXVI, os complementos dos paralelogramos em torno da diagonal **ES1H2I2** e **I1N1EV** são iguais em área. Como já foi mostrado que **I1N1EV** é, em área igual, ao triângulo **CDE**, então, o paralelogramo **ES1H2I2** em que **ES1** é igual a **AB** é, em área, igual ao triângulo **CDE**. Ficando assim completa a demonstração.

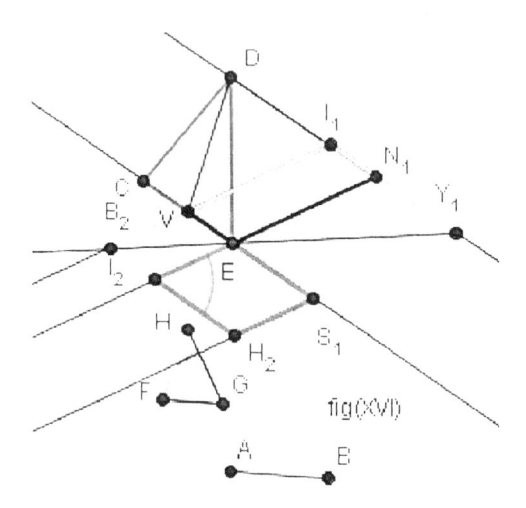

Proposição XXXVIII: linhas retas paralelas a uma mesma linha reta são, também, paralelas entre si.

Demonstração:

Sejam **AB** e **CD** duas linhas retas paralelas a **EF**.

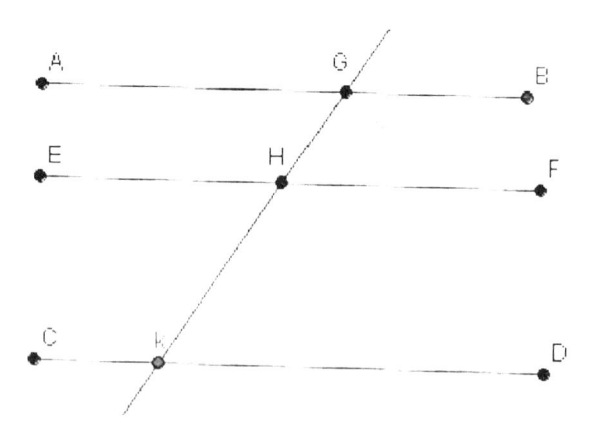

Digo que **AB**, também, é paralela a **CD**.

Seja **GK** uma linha que corta as três retas. Como a linha reta **GK** corta as linhas retas paralelas **AB** e **EF**, então o ângulo **AGK** é igual ao ângulo **GHF**. Novamente, como a linha reta **GK** corta as linhas paralelas **EF** e **CD**, então, **GHF** é igual ao ângulo **GKD** (proposição XXII).

Foi demonstrado que o ângulo **AGK** é igual ao ângulo **GHF**. Logo, o ângulo **AGK** também é igual ao ângulo **GKD** e eles são alternos internos (axioma 1). Então, **AB** é paralela a **CD**; ficando assim completa a demonstração.

<u>Proposição XXXIX</u>: é possível construir um paralelogramo igual a uma dada figura retilínea num dado ângulo retilíneo.

<u>Demonstração:</u> Seja **ABCD** uma figura retilínea e **IEJ** um dado ângulo retilíneo, é requerido construir um paralelogramo igual à figura **ABCD** no ângulo dado **IEJ**.

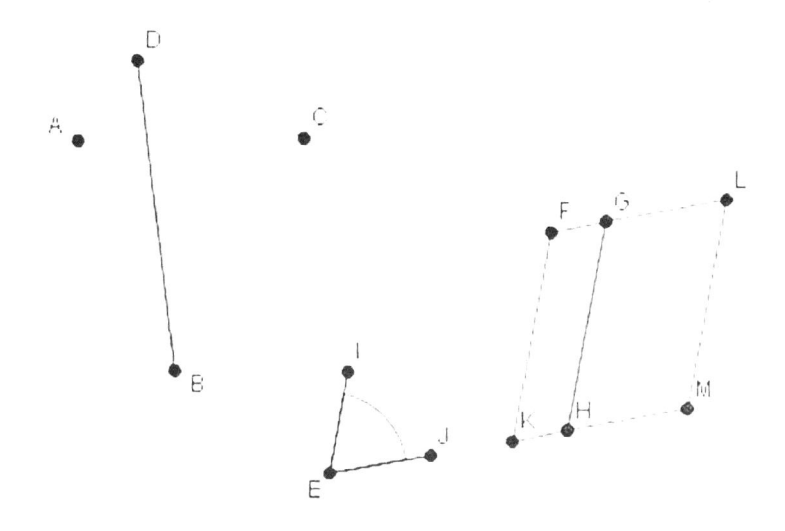

Junte **DB**. Construa o paralelogramo **FH** igual ao triângulo **ABD** e com o ângulo **HKF** igual a **NOP**. Construa o paralelogramo **GM** igual ao triângulo **DBC** sobre a linha reta **GH** e no ângulo **GHM** igual ao ângulo **IEJ** (postulado 1, proposição XXXV e proposição XXXVI). Desde que o ângulo **IEJ** seja igual aos ângulos **HKF** e **GHM**, o ângulo **HKF** é, também, igual ao ângulo **GHM** (axioma1). Some o ângulo **KHG** ao ângulo **GHM**. A soma dos ângulos **FKH** e **KHG** é igual à soma dos ângulos **KHG** e **GHM**. Dessa forma, a soma dos ângulos **FKH** e **KHG** é igual a dois retos, a dos ângulos **KHG** e **GHM** é, também, igual a dois ângulos retos (axioma 2 e proposição XXII).

Então, como a linha reta **GH** e o ponto **H** sobre ela, duas linhas retas **KH** e **HM** que não repousam no mesmo lado, faz os ângulos adjacentes juntos igual a soma de dois retos, então, **KH** está em linha reta com **HM** (proposição XXVIII).

Desde que a linha reta **HG** cruza as paralelas **KM** e **FG**, os ângulos alternos internos **MHG** e **HGF** são iguais (proposição XXII). Some o ângulo **HGL** a cada um. Então, a soma dos ângulos **MHG** e **HGL** é igual à soma dos ângulos **HGF** e **HGL** (axioma 2). Mas a soma dos ângulos **MHG** e **HGL** é igual a dois ângulos retos, então a soma dos ângulos **HGF** e **HGL** é, também, igual a dois ângulos retos. Dessa forma, **FG** está em linha reta com **GL** (proposição XXVI e axioma 1).

Desde que **FK** é paralela com **HG** e **HG** é igual e paralela com **ML**, então, **KF** é também igual e paralela com **ML**. As linhas retas **KM** e **FL** unem-se nas suas extremidades. Então, **KM** e **FL** são também iguais e paralelas. Dessa forma, **KFLM** é um paralelogramo (proposição XXV, proposição XXXVIII, axioma 1 e proposição XXIII).

Desde que o triângulo **ABD** é igual em área ao paralelogramo **FH** e o triângulo **DBC** é igual ao paralelogramo **GM**, a figura completa **ABCD** é igual ao paralelogramo maior **KFLM** (axioma 2). Dessa forma, o paralelogramo **KFLM** é igual à figura retilínea **ABCD** e ao ângulo **FKM**, que é igual ao ângulo **IEJ**. Ficando assim completa a demonstração.

Proposição XL: se uma linha reta é cortada ao acaso, então, a soma do quadrado sobre o todo e o quadrado desenhado sobre um dos segmentos é igual a duas vezes o retângulo contido pelo todo e o referido segmento somado com o quadrado sobre o outro segmento.

Demonstração: Tome a linha reta **AB**, cortada ao acaso no ponto **C**.

Afirma-se que a soma dos quadrados sobre **AB** e **BC** é igual a duas vezes o retângulo **ABxBC** somado com o quadrado sobre **AC**.

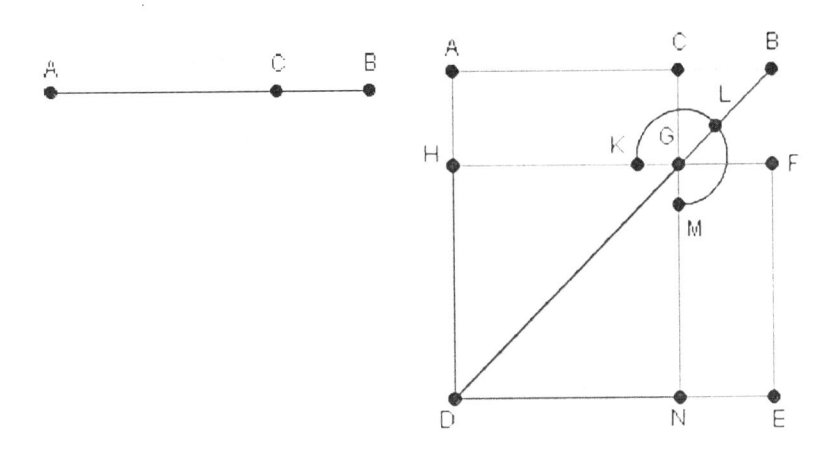

Descreva o quadrado **ADEB** sobre **AB** e trace a diagonal **BD** (proposição XXVII). Trace a paralela a **AD** e, conseqüentemente, a **BE** que passe por **C** (proposição XXI). Marque o ponto qualquer **G**, ponto de concorrência dessa diagonal com a paralela a **AD** e, conseqüentemente, a **BE**, que passa por **C** (proposição XXI). Trace a reta que passa por **G** e que seja paralela a **AB** e, conseqüentemente, a **DE** (proposição XXI). Temos, assim, os paralelogramos **ADEB**, **CBFG**, **HGND**, **ABFH** e **CBEN** e o gnomon **MLK**. Uma construção geométrica, conforme apresentada na proposição XXXVI.

Sendo **AH** e **CG** paralelas e o ângulo **HAC** reto, por ser um ângulo do quadrado **ADEB**, então, o ângulo **ACG** é também reto (proposição XXII). Como **HG** é paralela com **AC**, também, pela mesma proposição, o ângulo **GHA** somado ao ângulo **HAC** é igual a dois retos, portanto **GHA** é reto. Da mesma forma se prova que **HGC** é reto. Além disto, pela proposição XXIV, os lado opostos **AH** e **CG** são iguais e, também, **AC** e **HG** são iguais. Portanto, **AHGC** é um paralelogramo retangular (def. xx e def. xiv). De forma equivalente, prova-se que **ABFH**, **CBEN**, **GFEN**, **HGND** e **CBFG** são retângulos.

Além de retângulos, prova-se que **HGND** e **CBFG** são também quadrados: os ângulos **CGB** e **FBG** são iguais pois são alternos internos; os ângulos **CBG** e **FGB** são iguais pois também são alternos internos (proposição XXII). Mas, já foi provado que **CBF** é reto e, também, **FBG** somado com **CBG** é igual a **CBF**. Dessa forma, **CGB** somado com **FBG** é igual a um ângulo reto e, sendo iguais, **FBG** é metade de um ângulo reto. Dessa forma, também se prova que **FGB** é metade de um reto e, portanto, **FBG** e **FGB** são iguais. Assim, pela proposição VII, o triângulo **FBG** é isósceles. Assim, **FB** é igual a **FG** e como já foi provado que os quatro ângulos de **CBFG** são retos e que os lados opostos são iguais, conseqüentemente, **CBFG** é um quadrado. Com o mesmo raciocínio prova-se que **HGND** é também um quadrado.

Então, desde que o paralelogramo **AG** é em área igual a **GE** (prop. XXXVI), some o quadrado **CF** a cada um. Então, o todo **AF** é igual ao todo **CE**. Conseqüentemente, a soma de **AF** com **CE** é o dobro de **AF**. Mas, a soma de **AF** com **CE** é igual ao gnomon **KLM** somado ao quadrado **CF** e, portanto, o gnomon **KLM** somado com o quadrado **CF** é o dobro de **AF**.

Mas duas vezes o retângulo **AB x BC** é também o dobro de **AF**, porque **BF** é igual a **BC**, então o gnomon **KLM** somado com o quadrado **CF** é igual a duas vezes o retângulo **AB x BC**.

Some **DG**, que é o quadrado sobre **AC**, a cada um (o gnomon **KLM** e o quadrado **CF**). Então, o gnomon **KLM** junto com a soma dos quadrados **BG** e **GD** é igual a duas vezes o retângulo **AB x BC** somado com o quadrado sobre **AC**.

O gnomon **KLM** junto com a soma dos quadrados **BG** e **GD** é igual ao todo **ADEB** somado com **CF**, que são quadrados descritos sobre **AB** e **BC**.

Então, a soma dos quadrados sobre **AB** e **BC** é igual a duas vezes o retângulo **AB x BC** somado com o quadrado sobre **CA**. Ficando assim completa a demonstração.

Proposição XLI: em qualquer triângulo acutângulo o quadrado sobre o lado oposto a um ângulo agudo é menor do que a soma dos quadrados sobre os lados que contém esse ângulo agudo em duas vezes o retângulo contido por um dos lados que o forma, a saber, aquele que sobre ele é projetada a perpendicular do vértice oposto e o segmento de reta do ponto onde é cortado pela perpendicular e o ponto que forma o vértice do referido ângulo agudo.

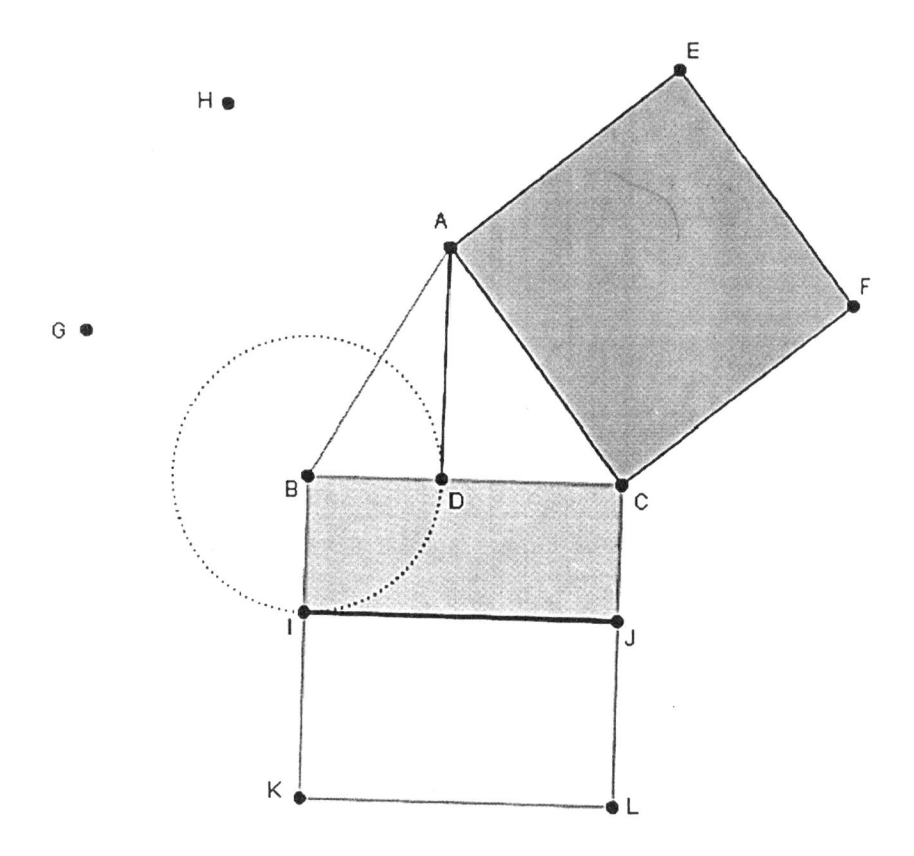

Comentário: a proposição LXI afirma que, por exemplo, seja o triângulo acutângulo **ABC**, o quadrado **GA** somado com o quadrado **BL** é, em área, igual ao quadrado **AF** mais duas vezes o retângulo **BJ**.

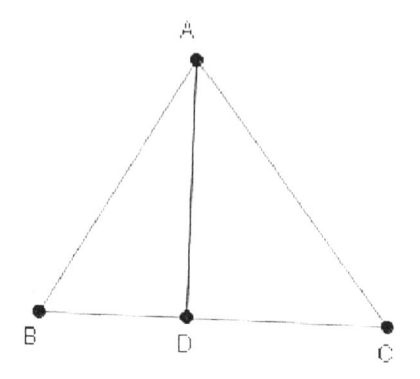

Demonstração: Tome o triângulo acutângulo **ABC** e considere o ângulo agudo **B**. Desenhe no ponto **A**, o segmento **AD**, perpendicular a **BC** (proposição XIII).

Afirma-se que o quadrado sobre **AC** é menor do que a soma dos quadrados sobre **AB** e **BC** em duas vezes o retângulo **CB x BD**.

Desde que a linha reta **BC** foi cortado ao acaso no ponto **D**, a soma dos quadrados sobre **BC** e **BD** é igual a duas vezes o retângulo **CB x BD** aumentado do quadrado sobre **CD** (proposição XL).

Some o quadrado sobre **AD** a eles. Dessa forma, a soma dos quadrados sobre **BC**, **BD** e **AD** é igual a duas vezes o retângulo **CB x BD** aumentado dos quadrados sobre **AD** e **CD**. O quadrado sobre **AB** é igual à soma dos quadrados sobre **BD** e **AD**, pois o ângulo em **D** é reto e o quadrado sobre **AC** é igual a soma dos quadrados sobre **AD** e **CD** (proposição XXXII). Então, a soma dos quadrados sobre **BD** e **AB** é igual a soma do quadrado sobre **AC** somado com duas vezes o retângulo **CB x BD**. Dessa forma, o quadrado sobre **AC** sozinho é menor do que a soma dos quadrados sobre **BC** e **AB** em duas vezes o retângulo **CB x BD**. Ficando assim completa a demonstração.

Comentário: esta proposição trata da "lei dos cossenos", no caso particular de um triângulo acutângulo, em que dado um triângulo de lados **a, b** e **c**, vale a relação $a^2 = b^2+c^2-2bc\cdot(\cos A)$.

(i) $c^2 = (AH)^2 + (BH)^2$ $(BH)^2 = c^2 \Leftrightarrow (AH)^2$ (pitágoras)

(ii) $a^2 = (BH)^2 + (CH)^2$ (pitágoras)

(iii) $\cos A = \dfrac{(AH)}{c} \Leftrightarrow (AH) = c \cdot (\cos A)$

(iv) Substituindo $(BH)^2$ em (ii) por $c^2 - (AH)^2$ tem-se

$a^2 = c^2 - (AH)^2 + (CH)^2 \Leftrightarrow 2(AH)^2 + a^2 = c^2 - (AH)^2 + (CH)^2 + 2(AH)^2$

$\Leftrightarrow 2(AH)^2 + a^2 = c^2 + (CH)^2 + (AH)^2 \Leftrightarrow$

$\Leftrightarrow 2(AH)^2 + a^2 = c^2 + (CH)^2 + (AH)^2 + 2(CH)(AH) - 2(CH)(AH) \Leftrightarrow$

$\Leftrightarrow 2(AH)^2 + a^2 = c^2 +((CH)+ (AH))^2 - 2(CH)(AH) \Leftrightarrow 2(AH)^2+ a^2 = c^2+ b^2 - 2(CH)(AH) \Leftrightarrow$

$\Leftrightarrow 2(AH)^2+ a^2 = c^2+ b^2-2(CH)(AH)$ $2(AH)^2+ a^2 = c^2+ b^2 - 2(b-(AH))(AH) \Leftrightarrow$

$\Leftrightarrow 2(AH)^2+ a^2 = c^2+ b^2 +(-2b+2(AH))(AH) \Leftrightarrow$

$\Leftrightarrow 2(AH)^2+ a^2 = c^2+ b^2 - 2b(AH)+2(AH)^2 \Leftrightarrow a^2 = c^2+ b^2 - 2b(AH)$, finalmente usando (iii),

$\Leftrightarrow a^2 = c^2+ b^2 - 2bc \cdot (\cos A) \Leftrightarrow a^2 = b^2+c^2 - 2bc \cdot (\cos A)$, que é a demonstração em linguagem algébrica moderna da proposição XLI, válida, inclusive, para um triângulo retângulo ou mesmo obtusângulo.

Capítulo 4
Palavras Finais

As proposições tratadas nesse capítulo apresentam pistas de como se procedeu o desenvolvimento da Matemática desde sua forma empírica até os conceitos cristalizados que se apresentam hoje nos mais respeitados tratados de Matemática. As primeiras proposições apresentam uma tal simplicidade que seria praticamente possível aceitá-las sem argumentações. E não poderia ser diferente, já que é com a aceitação delas que se encadeia uma seqüência lógica de argumentações que permite tirar conclusões cada vez mais complexas.

Pelo fato de cada nova demonstração exigir que sejam usados argumentos já aceitos ou provados anteriormente, não se tornou objetivo deste ensaio provar proposições que necessitariam de centenas de demonstrações anteriores. Dessa forma, seguindo-se o método axiomático ao pé da letra, possibilitou-se um texto coerente, no qual todas as informações necessárias para provar uma determinada proposição podem ser encontradas no próprio texto. Por outro lado, conforme citado, um texto nesse estilo dificulta a abrangência de proposições mais complexas e de reconhecida relevância para um ensaio desta natureza.

Demonstrações como o teorema de Pitágoras e a lei dos cossenos, no entanto, revelam a possibilidade de construir uma argumentação completa para provar uma proposição de relativa complexidade. E, proposições que necessitem apenas das 41 proposições deste livro poderiam se tornar as próximas num livro mais completo dessa natureza.

As demonstrações, sem o uso da linguagem algébrica moderna, conforme procedimento amplamente adotado neste capítulo, apresentam a desvantagem de se tornarem longas e extremamente exaustivas. No entanto, o uso de linguagem algébrica pode transformar os "raciocínios" matemáticos em um processo puramente mecânico, o que é deveras prejudicial se o foco for o processo ensino-aprendizagem. A linguagem descritiva adotada no decorrer do capítulo ocorre pelo fato de ter-nos remetido ao século III a.C., num período em que a linguagem algébrica ainda não surgira. Mas, comentários puramente algébricos como o da proposição XLI demonstram enfaticamente este ponto de vista.

Dessa forma, parece prudente considerar esse fato ao ensinar e ou estudar Matemática. Esse respeito com o desenvolvimento histórico da Matemática facilita a compreensão dos conteúdos mais complexos e informações importantes obscurecidas na simbologia. Numa expressão como **b**·**c**, por exemplo, pode ficar ofuscado o significado geométrico que corresponde à área de um paralelogramo de base b e altura c. Isto se trata de uma simbologia atraente para os que lidam diariamente com essa ciência, não há dúvidas, já que economiza tempo e espaço e inibe possíveis erros de "raciocínio". Isto decorre principalmente do fato das operações algébricas restringidas a um determinado conjunto numérico apresentarem propriedades muito bem definidas dentro da Matemática, e um matemático ao contrário dos leigos as conhece muito bem. Sem negar a evolução simbólica da Matemática, tratando a evolução histórica de acordo com a evolução cognitiva parece ser um caminho promissor para facilitar a aprendizagem dessa ciência.

Referências

COSTA, Newton C. A. da ; KRAUSE, Décio. Notas de Lógica. Disponível em: <http://www.cfh.ufsc.br/~dkrause/LivroLogica/Capitulo1.pdf>. Acesso em: 10 set. 2006.

JOYCE, David. Euclid's Elements. Apresenta uma excelente versão dos Elementos de Euclides, sec. III a.C. Disponível em <http://aleph0.clarku.edu/~djoyce/java/elements/toc.html>. Acesso em: 19 dez. 2006.

O'CONNOR, J J; ROBERTSON, E F. Georg Friedrich Bernhard Riemann. Apresenta dados biográficos e feitos de Riemann. Disponível em: <http://www-groups.dcs.st-and.ac.uk/~history/Biographies/Riemann.html>. Acesso em: 10 out. 2006.

_____. Farkas. Wolfgang Bolyai. Apresenta dados biográficos e feitos desse matemático. Disponível em: <http://www-groups.dcs.st-and.ac.uk/~history/ Biographies/Bolyai_Farkas.html>. Acesso em: 10 out. 2006.

_____F. Claude Mydorge. Apresenta dados biográficos e feitos desse matemático. Disponível em: <http://www-groups.dcs.st-and.ac.uk/~history/ Biographies/Mydorge.html>. Acesso em: 10 out. 2006.

_____. Anicius Manlius Severinus Boethius. Apresenta dados biográficos e feitos desse matemático. Disponível em: < http://www-groups.dcs.st-and.ac.uk/~history/Biographies/Boethius.html>. Acesso em: 10 out. 2006.

_____. Proclus Diadochus. Apresenta dados biográficos e feitos desse matemático. Disponível em: <http://www-groups.dcs.st-and.ac.uk/~history/ Biographies/Proclus.html>. Acesso em: 10 out. 2006.

_____. Pappus of Alexandria. Apresenta dados biográficos e feitos desse matemático. Disponível em: < http://www-groups.dcs.st-and.ac.uk/~history/ Biographies/Pappus.html>. Acesso em: 10 out. 2006.

_____. Heron of Alexandria. Apresenta dados biográficos e feitos desse matemático. Disponível em: <http://www-groups.dcs.st-and.ac.uk/~history/ Biographies/Pappus.html>. Acesso em: 10 out. 2006.

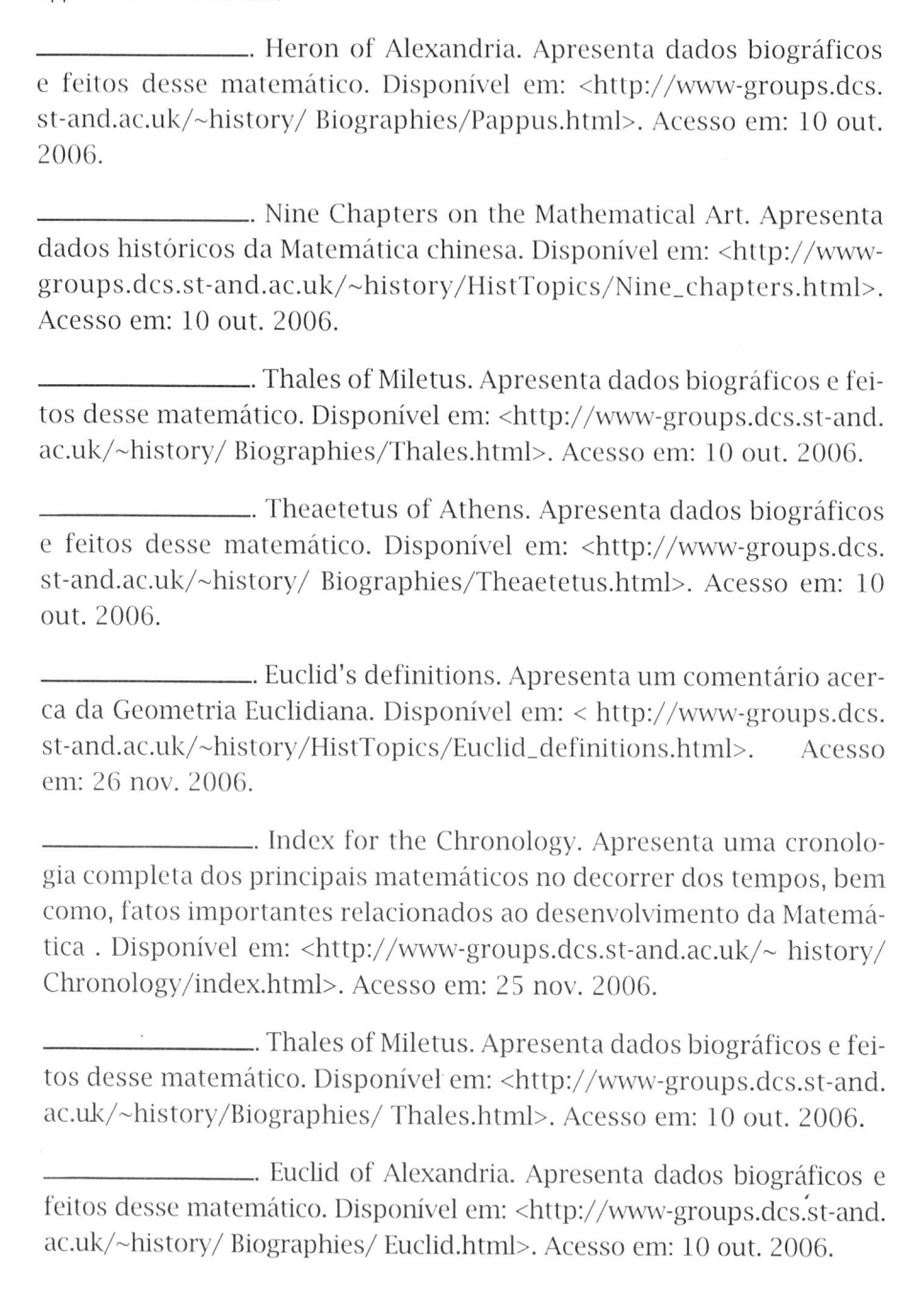

_____. Nine Chapters on the Mathematical Art. Apresenta dados históricos da Matemática chinesa. Disponível em: <http://www-groups.dcs.st-and.ac.uk/~history/HistTopics/Nine_chapters.html>. Acesso em: 10 out. 2006.

_____. Thales of Miletus. Apresenta dados biográficos e feitos desse matemático. Disponível em: <http://www-groups.dcs.st-and.ac.uk/~history/ Biographies/Thales.html>. Acesso em: 10 out. 2006.

_____. Theaetetus of Athens. Apresenta dados biográficos e feitos desse matemático. Disponível em: <http://www-groups.dcs.st-and.ac.uk/~history/ Biographies/Theaetetus.html>. Acesso em: 10 out. 2006.

_____. Euclid's definitions. Apresenta um comentário acerca da Geometria Euclidiana. Disponível em: < http://www-groups.dcs.st-and.ac.uk/~history/HistTopics/Euclid_definitions.html>. Acesso em: 26 nov. 2006.

_____. Index for the Chronology. Apresenta uma cronologia completa dos principais matemáticos no decorrer dos tempos, bem como, fatos importantes relacionados ao desenvolvimento da Matemática . Disponível em: <http://www-groups.dcs.st-and.ac.uk/~ history/Chronology/index.html>. Acesso em: 25 nov. 2006.

_____. Thales of Miletus. Apresenta dados biográficos e feitos desse matemático. Disponível em: <http://www-groups.dcs.st-and.ac.uk/~history/Biographies/ Thales.html>. Acesso em: 10 out. 2006.

_____. Euclid of Alexandria. Apresenta dados biográficos e feitos desse matemático. Disponível em: <http://www-groups.dcs.st-and.ac.uk/~history/ Biographies/ Euclid.html>. Acesso em: 10 out. 2006.

NON-EUCLIDEAN GEOMETRY. Apresenta informações acerca das Geometrias não euclidianas. Disponível em: < http://math.youngzones.org/Non-Egeometry/index.html>. Acesso em: 10 out. 2006.

CISSOID OF DIOCLES. Apresenta a descrição resumida da figura geométrica cissóide. Disponível em: <http://mathworld.wolfram.com/CissoidofDiocles.html>. Acesso em: 10 out. 2006.

GEOMETRY. Diretório da Web que combina enciclopédia e dicionário respondendo a palavra chave com informações bem organizadas e de grande qualidade. Disponível em: < http://www.dirpedia.com/geometry.html>. Acessado em: 10 out. 2006.

VAZ, JAYME JR. Apresenta um exemplo prático de Geometria não Comutativa. Disponível em: <http://www.ime.unicamp.br/%7Evaz/nc.htm>. Acessso em: 1 nov. 2006.

_____. O que é geometria não-comutativa? Faz uma explicação resumida do que significa Geometria não comutativa. Disponível em: <http://67.15.149.194/melhor-da-web/54074.html> Acesso em: 1 nov. 2006.

WEISŞTEIN, Eric . Elements.Comentário acerca dos Elementos de Euclides. Disponível em: < http://mathworld.wolfram.com/Elements.html >. Acesso em: 10 out. 2006.

Impressão e acabamento
Gráfica da Editora Ciência Moderna Ltda.
Tel: (21) 2201-6662